대한민국 탄소중립의
현실과 미래

대한민국 탄소중립의

최종현학술원 과학기술혁신 시리즈

현실과
미래

CHEY 최종현학술원   바다출판사

축사

'Global Boiling', 즉 온난화를 넘어 '지구가 끓는 시대'에 사는 우리에게 탄소중립은 막연한 목표가 아닌 현실적인 숙제입니다. 2023년 대기 중 이산화탄소 농도는 사상 최고치인 421ppm에 도달하였고, 총 배출량은 374억 톤에 이르렀습니다. 기후변화의 민낯은 복잡한 수치보다는 일상의 삶 속에서 더욱 여실히 드러납니다. 해마다 늘어나는 홍수와 가뭄 피해, 폭염과 산불 등 기후변화는 갖가지 방법으로 인류를 위협하고 있습니다. 유례없는 기후위기는 안정적이고, 지속가능하며, 친환경적인 에너지의 필요성에 대한 국제적인 공감대를 불러일으켰습니다.

한편, 미중 패권 갈등을 비롯한 국제질서의 변화는 에너지 안보 불안을 더욱 증폭시켰습니다. 유기적으로 연결된 국제 에너지 공급망에서 한국도 예외가 될 수 없었습니다. 러시아-우크라이나 전쟁에서 더욱 명확해진 자원의 무기화Weaponization of resources는 국내 전기와 천연가스 보급난을 심화시켜 큰 폭의 가격 변동으로 이어지기도 했습니다. 이는 에너지 갈등이 비단 유럽연합국들만의 문제가 아니며 한국의 사회 · 경제 전반에도 위협이 될 수 있음을 시사합니다. 에너지 의존도가 특히 높은 한국의 경우 에너지 자립을 도모함과 동시에 경제 발전을 저해하지 않는 친환경적 에너지원을 모색해야 한다는 이중의 도전에 직면하고 있습니다.

최종현학술원의 《대한민국 탄소중립의 현실과 미래》 단행본은 이러한 국내외적 필요와 문제의식을 환경기술과 국제 정세라는 두 틀에서 모두 다루었다는 점에서 의미가 깊습니다. 특히 에너지 전환과 관련된 첨단 기술들을 두루 다루며 한국의 탄소중립의 비전과 방향성까지 제시하고자 하였습니다. 친환경 기술, 환경 정책, 원자력, 에너지 패권 등 '탄소중립'과 관련한 다양한 소주제를 통해 깊이 있고 전문적인 지식을 얻으실 수 있으리라 기대합니다.

'2050 Net Zero'를 목표로 저희 SK 또한 녹색 전환을 이루기 위해 유통 및 물류부터 공급망 개선, 경영문화 변화에 이르기까지 전사全社 차원의 노력을 강화하고 있습니다. 진정한 탄소중립은 기업과 사회 공동의 노력이 필요한 만큼, 단순 환경경영에 안주하지 않고 사회와 산업계 전반까지 친환경적 물결을 일으키는 데 앞장서겠습니다. 이 책이 녹색 여정을 위한 하나의 작은 자극제가 되기를 희망합니다. 감사합니다.

최종현학술원 이사장·SK 회장

최태원

발간사

　최종현학술원은 과학기술혁신과 지정학이 불러오는 도전 및
기회 분석을 통해 미래 전략을 제시하고 한반도의 번영과 동북
아시아의 평화에 기여하기 위해 창설된 지식 공유 플랫폼입니
다. 2018년 고故 최종현 SK 선대 회장 20주기를 맞아 출범한 본
원은 미국, 중국, 일본 등 세계 각국의 다양한 싱크탱크 및 대학
교의 석학들과 교류하며 연구를 진행하고 있으며, 이러한 논의
를 공유하기 위한 다양한 포럼과 컨퍼런스를 개최하여 왔습니
다. 이 중 '과학혁신시리즈'는 다양한 과학기술 분야의 최신 연
구 동향을 대중을 대상으로 쉽게 풀어 쓴 입문서입니다. 지금까
지 '반도체', '배터리' 등 우리 사회에서 가장 주목받고 있는 기
술들에 대해 저술하였습니다.
　이번 단행본《대한민국 탄소중립의 현실과 미래》에서는 21세
기 주요 화두인 '탄소중립'과 관련한 다양한 첨단 기술과 시사
이슈를 다루었습니다. 친환경 에너지의 대명사인 태양전지, 무
탄소 에너지원으로 다시 각광받는 원자력뿐만 아니라 탄소 포
집 및 활용CCU 기술 같은 전문 기술도 쉽게 풀어 설명하였습니

다. 나아가 탄소중립과 관련된 국제정세와 에너지 거버넌스, 에너지 안보문제를 둘러싼 미중 패권경쟁 및 우크라이나 전쟁 등을 다룸으로써 과학기술을 지정학 리스크의 틀 안에서 새로이 해석하고자 하였습니다. 이를 통해, 탄소중립과 관련된 이슈를 단순 과학기술 차원을 넘어 사회 현상과 결부시켜 더 넓어진 시야로 바라볼 수 있으시리라 기대합니다.

한 권의 책으로 나오기까지 수고해주신 많은 분이 계십니다. 우선 저자분들께 감사의 인사를 드립니다. 학술원의 비전에 공감하여 흔쾌히 참여해주시고 소중한 강연을 나눠주셨습니다. 강연이 책으로 나오기까지 원고 집필에도 힘써주셔서 더욱 알찬 내용을 담을 수 있었습니다. 원고 편집 작업에 애써주신 학술원 과학혁신2팀 구성원분들과 바다출판사 측에도 감사의 인사를 드립니다.

앞으로도 저희 학술원은 사회가 필요로 하는 과학기술 지식 공유에 앞장서겠습니다. 또한 과학기술혁신을 통해 우리 사회의 지속가능한 발전에 기여할 수 있도록 노력하겠습니다. 최종현학술원의 앞날에 지속적인 성원을 부탁드립니다.

최종현학술원 대표이사

김유석

차례

II. 한국의 탄소중립을 위한 에너지 전환과 노력

I.
국제
정세와

에너지
전환

1

글로벌 에너지 위기의 현황

이재승 고려대학교 국제대학원 교수

글로벌 에너지 위기와 두 가지 과제

인구 증가와 경제활동의 증가는 끊임없이 안정적인 에너지 공급의 확충을 요구한다. 안정된 경제·산업 활동을 유지하기 위해서는 중단 없는 에너지 공급이 가장 기본적인 전제조건이 된다. 동시에 시대정신이 된 기후변화 대응과 청정에너지 체제로의 이행은 에너지 전환의 가속화를 필요로 한다. 2015년 합의된 파리협정에서는 지구 온도의 1.5℃ 상승 제한을 목표로 제시했고, 주요 산업국들은 2050년을 전후한 탄소중립Net Zero 목표를 발표하였다. 경쟁력을 보유한 저탄소 기반으로의 이행은 기술 개발, 정책, 국제협력에 걸친 전 분야를 포함한다. 다양한 형태의 탄소 절감과 신재생에너지 프로젝트들이 도입되면서 녹색 전환으로의 기대감이 전 세계적으로 높아져 가고 있다.

그러나 화석연료의 시대가 곧바로 지나가는 것은 아니다. 석유시대의 종말은 아직 오지 않았고, 2050년까지 상당 기간 화석연료는 주도적 지위를 유지할 것으로 전망되고 있다. 석탄 수요는 지속적으로 감소될 것으로 보이지만, 수송·산업 등 다양한 부문에서 석유 수요는 상당 부분 지속될 것이며, 천연가스 역시 발전과 난방 그리고 산업 부문에서 계속 사용될 전망이다. 원자력 역시 저탄소 에너지원으로 포함될 것으로 예상된다. 현재 전 세계적으로 진행되고 있는 에너지 전환에도 불구하고 기존 화석연료가 전적으로 대체될 수는 없고 세계 경제는 여전히 화석연료 공급에 의존하고 있다. **그림 1**은 주요 화석연료의 수요 전망을 요약한다.

우크라이나 전쟁과 중동 지역의 갈등 확산은 석유와 천연가스 등 전통 에너지원의 안정적 수급에 대한 에너지 안보의 필요성을 다시금 부각시켰다. 나아가 미·중 갈등의 확산은 재생에너지와 탈탄소 기술에 필수적인 핵심 광물 자원의 수급에서 불안정성을 증가시켰다. 아울러 탄소중립과 에너지 전환을 위한 효율적인 사회경제적 거버넌스는 선진국과 개발도상국 모두에게 해당되는 매우 중요한 문제이다.

석탄 (단위: Mtce)

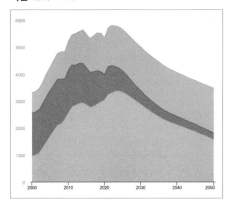

- 중국
- 선진국
- 기타 신흥시장 및 개도국

Mtce = 석탄 100만 톤
mb/d = 하루당 석유 100만 배럴
bcm = 10억 세제곱미터

석유 (단위: mb/d)

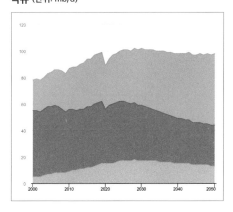

천연가스 (단위: bcm)

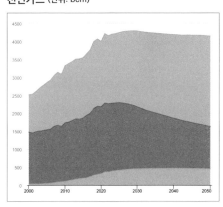

그림 1. 지역별 화석연료 수요
전망(2000~2050)(출처: IEA,
World Energy Outlook 2023).

화석연료와 신재생에너지가 공존하는 현실에서 에너지 수급과 에너지 전환이라는 두 가지 목표의 달성은 시장과 정책 그리고 국제환경에 의해 속도와 방식이 결정된다. 경제와 산업 활동에 필수적인 연료와 전력의 공급은 단기적인 대응을 요구하는 데 비해, 에너지 전환은 상대적으로 긴 시간과 불안정성을 동반하는 장기적인 해결 방식이다. 긴급한 에너지 수요와 장기적인 저탄소 에너지 전환 사이에서 현재와 미래가 혼재된 위기가 발생할 수 있다. 이처럼 새로운 글로벌 에너지 질서는 에너지 안보와 에너지 전환의 요소를 모두 반영하며, 이는 과거보다 더 복잡한 갈등을 내포한다.

전통 에너지 공급의 전망과 위기

만성적인 거대 에너지 수입국이던 미국은 2010년대에 들어서며 셰일 혁명으로 인해 석유 및 가스 생산이 급증하고 순수출국으로 전환하였다. 미국의 에너지 증산은 일차적으로 국제 에너지 시장에 공급 증대를 가져오는 한편, 수입 물량의 감소는 전 세계 에너지 시장의 재고 증가를 가져오며 오랜 생산자 위주의 구도를 구매자 우위의 구도로 변화시켰다. 공급의 증가는 에너지 가격에 하향 압력을 가하며 수입국들에게 안정적이고 저렴한 에너지 공급을 가능하게 하였다. 안정된 에너지 공급, 시장 중심의 국제 에너지 거버넌스, 에너지 전환의 확산은 글로벌 에너지 질서에 낙관론을 확산시켰다.

그러나 2022년 2월 러시아의 우크라이나 침공은 에너지 시장의 변동성을 증가시키며 국제 에너지 질서 변화를 가져왔다. 러시아에 대한 경제제재와 에너지 수입 감축은 유럽 내부적으로 에너지 수급의 위기를 가져왔고, 에너지 수급에 대한 불안감은 글로벌 시장으로 확대되었다. 유럽이 에너지 구매에서 러시아를 제외하기 시작하는 동시에 중국과 인도는 러시아 원유의 수입을 늘리는 등 기존의 전통 에너지 공급망 역시 변화를 맞고 있다. 국제에너지기구International Energy Agency(IEA)의 2022년 세계 에너지 전망에서는 러시아는 세계 최대의 화석연료 수출국 중 하나였지만 화석연료 수출은 상당 기간 2021년 수준으로 돌아오지 않을 것으로 예측된다. 2021년 20%에 가까운 러시아의 국제 거래 에너지 점유율은 2030년 13%로 하락이 예상된다.[1]

2023년부터 불거지기 시작한 이스라엘과 하마스 간의 분쟁은 중동 지역의 위기를 재현시켰고, 레바논과 이란 등 인접국으로 갈등이 확대되고 있다. 석유 및 가스 생산에서 가장 주요한 지역이자 호르무즈 해협과 같은 지정학적 병목 지대를 보유한 중동 지역의 불안정성은 에너지 수급과 가격 동향에 적신호를 보내고 있다. 과거 미국은 중동에 대해 '사활적 개입'을 천명하며 에너지 안보와 관련한 최우선적인 관여 정책을 유지해왔으나, 자체 생산량이 늘면서 이 지역에 대한 에너지 의존도가 낮아졌고, 개입에 대한 결정도 더 선택적이 될 것으로 전망된다. 미국의 생산을 제외하고 석유와 가스의 핵심 생산국은 여전히 특정 지역과 국가에 편중되어 있다. **그림 2**는 주요 생산국과 소비국 간의 석유 및 천연가스 교역 동향을 보여준다.

2010년대 중반의 저유가 기조와 에너지 전환 기조의 강화로 인해 석유 및 가스에 대한 신규 투자가 감소했고, 특히 코로나 팬데믹 시기에 더욱 위축된 투자 규모는 전통 에너지 공급의 취약성을 높였으며, 가격 상승 압박을 가중시켰다. 거대 개발도상국들을 포함한 신흥시장은 앞으로도 지속적으로 에너지 수요를 증가시킬 것으로 예상되는 가운데, 석유와 가스에 대한 투자 감소와 수요 증가가 지속적으로 맞물리고, 여기에 지정학적 불안정 요인이 합쳐졌을 때 전통 에너지 측면에서 공급 위기의 발생 가능성은 상존하고 있다. 에너지 위기 시에는 특히 수입국의 에너지 안보 부담이 증가하게 되고, 생산국의 입지가 다시 강화된다. 공급 측면에서의 글로벌 에너지 위기는 이처럼 화석연료 공급 및 투자 감소를 소비 감소와 동기화하지 못하는 불일치에서 발생할 수 있으며, 자국 우선주의와 고립주의가 팽배할 경우 글로벌 에너지 체제는 파편화·블록화될 위험이 있다. 다행히 우크라이나 전쟁 이후 대규모의 공급 차질은 발생하지 않았고, 주

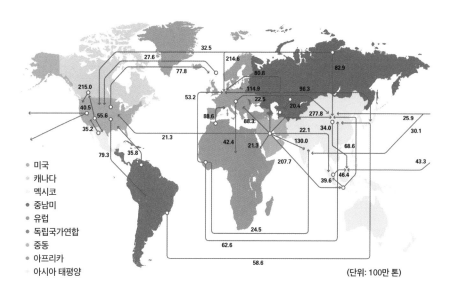

● 미국
● 캐나다
  멕시코
● 중남미
● 유럽
● 독립국가연합
● 중동
● 아프리카
  아시아 태평양

(단위: 100만 톤)

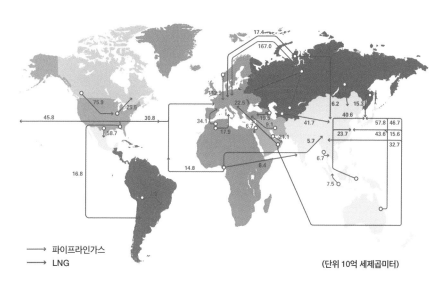

⟶ 파이프라인가스
⟶ LNG

(단위 10억 세제곱미터)

그림 2. 석유(위) 및 천연가스(아래)의 교역 동향(출처: BP, *Statistical Review of World Energy 2022*).

요 수입국들도 공급선을 다변화시키며 빠른 회복력을 보이고 있으나 상황이 악화될 가능성은 여전히 남아 있다.

에너지 전환의 기회와 도전

청정에너지로의 전환은 화석연료에 대한 의존성을 줄이면서 지정학적 위험과 에너지 시장의 변동성으로부터 에너지 안보를 강화할 수 있는 기회를 제공한다. 에너지원의 다양화는 기후변화에 대한 대응력을 높이면서 지속가능하고 탄력적인 에너지 시스템을 가능하게 한다. 에너지 전환의 장기적인 성패는 재생에너지, 전기차, 탄소 포집 및 에너지 효율성 개선에 이르는 청정에너지와 탄소 저감 기술을 기반으로 한다. 정책적 차원에서 새로운 목표치 설정과 인센티브 제공 그리고 배출권 거래제는 에너지 전환이 지속적으로 추진될 제도적 환경을 제공한다. 청정에너지 투자는 2018년 이후 에너지 부문 신규 투자액의 절대적인 비중을 차지하고 있다. IEA의 추정에 따르면 2050년까지 탄소중립을 달성하기 위해서는 전 세계 전력 생산의 약 88%가 재생에너지에 기반해야 한다.[2] 그림 3과 그림 4는 풍력 및 태양광 설비 전망과 에너지 부문의 투자 현황을 요약한다.

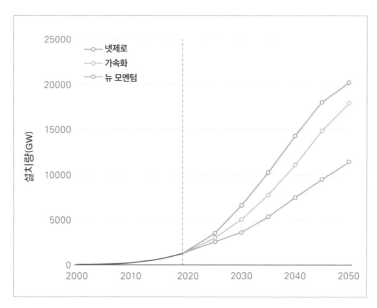

그림 3. 풍력 및 태양광 설비 전망(출처: BP, *Energy Outlook 2023*).[3]

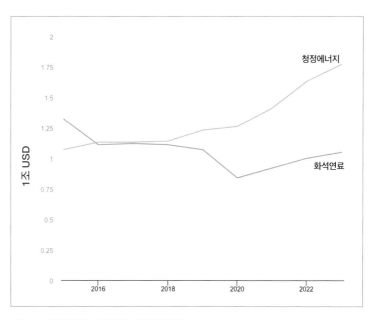

그림 4. 화석연료와 신재생에너지 투자 현황(출처: IEA, *World Energy Outlook 2023*).

파리협정상의 감축 합의와 각국의 녹색 이니셔티브에 뒤이어, 예기치 않게 코로나 팬데믹이 등장하였다. 이 시기 동안 세계 경제는 일시적으로 급격한 에너지 수요 감소와 비대면 방식의 생활을 경험하였고, 이는 에너지 소비에 대한 인식을 전환시키며 에너지 패러다임의 변화를 가속화시키는 계기가 되었다. 유럽은 우크라이나 전쟁 이후 대러 에너지 의존을 줄이는 동시에 에너지 전환의 가속화를 통해 에너지 안보를 강화하려는 'REPowerEU' 패키지를 도입한 바 있다.

재생에너지를 기반으로 한 에너지 전환은 많은 장점을 가지고 있지만, 동시에 에너지 안보에 대한 취약성도 내포하고 있다. 자연 요인에 의존적인 재생에너지원은 근본적으로 공급상의 불안정성을 지닌다. 에너지 저장 기술과 전력 계통상의 발전이 이러한 변동성을 보완할 관건이 되고 있지만 아직도 많은 기술적인 도전이 남아 있다. 또한 재생에너지 및 저탄소 기술은 많은 경우 희토류를 포함한 핵심 광물 자원을 필요로 하며,[4] 이들은 현재 특정 국가들에 의해 독점적으로 생산 및 공급되고 있다. 이는 에너지 전환 과정에서 새로운 종류의 지정학적 갈등을 만들어낼 여지를 안고 있다.

특히 핵심 광물과 희토류 공급에서 중국에 대한 과도한 의존은 공급망의 신뢰성과 탄력성에 대한 우려를 불러일으켰다. 중국은 세계 리튬 생산량의 약 70%와 세계 리튬 처리 시설의 대부분을 통제하고 있다. 콩고민주공화국은 코발트의 세계 최대 생산국으로 전 세계 매장량의 50%, 생산량의 약 58%를 차지하고 있으며, 중국은 세계 최대의 코발트 기업과 콩고 현지 광산을 보유하고 있다. 재생에너지 산업 전반에 걸친 위험을 완화하기 위해 각국은 공급망 다각화 전략을 추진하고 있다. 한편 미국과 중국 간의 지속적인 지정학적 경쟁은 이들 광물 자원에 대한 전략적인 수급 통제로 이어질 수 있고, 이는 곧바로 에너지 전환과 에너지 안보의 두 가지 측면에 모두 위협 요인으로 작용하게 된다. 공급망 안보 문제와 맞물려 자국 에너지 산업에 우선권을 주는 보호주의도 확산하고 있으며, 미국의 인플레이션 감축법Inflation Reduction Acts(IRA) 등이 대표적인 예로 지적된다.

에너지 전환에 따른 탄소의 무역 장벽화에 대한 우려도 제기되고 있다. 탄소 장벽은 무역과 에너지 수급의 차원에서 갈등의 요소를 안고 있다. 유럽연합EU이 2026년부터 도입을 발표한 탄소국경조정제도Carbon Border Adjustment Mechanism(CBAM)는 환경 규제가 약한 EU 역외국에서 생산된 제품을 EU 역내로 수입할 경우 탄소 함유량에 따라 탄소가격을 부과하는 장치로, 철강·자동차 등의 에너지 집약형 상품 수출국에는 새로운 차별과 규제의 장치가 되고 있다. 탄소 감축과 관련한 과세 및 무역 규범은 에너지 전환과 관련한 갈등을 가져올 수 있다.

저탄소 에너지로의 전환은 환경 인식이 높은 선진국뿐 아니라 에너지 수요가 빠르게 증가하는 개발도상국에게 청정에너지 공급의 기회와 동시에 도전 요인도 던져준다. 에너지 전환은 청정에너지 기술에 대한 투자를 통해 개발도상국들에 일자리를 창출하며, 성장의 초기 단계에서부터 저탄소 기조를 정착시킬 수 있다. 하지만 개발도상국에서는 에너지 전환의 우선순위가 경제 성장, 빈곤 감소, 건강 개선과 같은 다른 긴급한 정책 과제와 충돌할 여지가 크다. 신흥 경제국의 지도자들은 종종 기후 목표를 상향하고 더 빠른 추진을 요구하는 압력에 반발하기도 한다. 또한 화석연료 산업에서 재생가능에너지 산업으로의 전환은 일자리 손실과 같은 경제적 충격을 초래함으로써 사회적 불안을 야기하고 에너지 안보를 저해할 수 있다. 최근 부각된 '공정 에너지 전환' 논의에서 보여지듯이 에너지 전환 과정에서의 사회적·경제적인 충격을 최소화하는 것 역시 에너지 전환과 관련된 핵심적인 정책적 과제가 된다.

글로벌 에너지 거버넌스의 위기

에너지 공급과 에너지 전환의 복합 위기는 글로벌 차원에서의 에너지 거버넌스의 중요성을 부각시킨다. 글로벌 에너지 거버넌스는 전통 에너지 생산 및 교역의 안정성, 수요 관리에서부터 에너지 전환과 기후변화 대응에 이르는 다양한 분야의 리더십과 공공재 제공을 목표로 한다. 그러나 현 상황에서의 글로벌 에너지 거버넌스는 실제적 작동과 효용성 면에서 많은 도전을 안고 있다.

냉전 시기 미국의 에너지 안보 정책은 실질적으로 중동을 포함한 주요 생산국에 대한 안전성의 담보와 전략비축유 방출과 같은 정책적 장치를 통한 글로벌 에너지 시장 관리를 포함했다. '카터 독트린Carter Doctrine'은 '사활적 이익'이 된 에너지 공급의 안전성을 위한 미국의 중동 정세에의 개입을 정당화했고, 사우디아라비아를 위시한 주요 산유국들은 자국의 안보, 경제와 에너지 수급을 미국과 연계시켰다. 실제로 미국의 중동 안보는 오랫동안 달러에 고정된 석유와 교환되었다. 그러나 셰일 혁명 이후 미국의 에너지 자급도의 향상은 구매량의 감소로 이어졌고, 이는 중동과 석유수출국기구Organization of the Petroleum Exporting Countries(OPEC)에 대한 미국의 외교안보적 지배력의 쇠퇴를 가져왔다. 전통적인 미국과 중동의 협력관계가 구조적 변화의 조짐을 보이면서 기존의 미국 주도의 글로벌 에너지 거버넌스는 분권화되고 파편화되는 조짐을 여러 차원에서 보이고 있다. 국제 에너지 질서는 점차 '각자도생의 에너지 안보' 체제로 이행되고 있다.

미국의 전통적 석유 생산국에 대한 시장 지배력이 약화되면서, 사우디아라비아를 중심으로 한 OPEC은 2016년 이후 러시아와의 공조를 확장시키며 OPEC+ 체제를 구축하고 영향력을 확장시켜왔다. 우크라이나 침공 이후 서방으로부터 안정된 공급원으로서의 신뢰를 상실한 러시아는 중국, 인도 그리고 남반구 국가들Global South을 아우르는 새로운 에너지 공급망을 구상하고 있고, 중국 역시 구매력과 자본력을 바탕으로 중동 및 신흥 생산국에 입지를 강화하고 있다.

중국의 에너지 수요의 증가는 글로벌 에너지 시장, 특히 중동 지역에서 중국의 영향력을 지속적으로 강화시켰다. 중국-러시아 간의 전략적 파트너십이 정치·경제적으로 강화되는 가운데 중국의 구매력과 대러 자금 공급원으로의 입지는 더욱 강해지고 있으며, 브릭스BRICS를 축으로 제3세계권을 포괄하는 새로운 연합의 움직임이 보이고 있다. 중국과 브라질, 러시아, 인도 등 거대 개발도상국들 간의 새로운 에너지 관계 형성은 석유 거래에서 위안화를 늘리는 '탈달러화'의 시도로 이어진다. 아직 위안화를 기축 통화로서 달러의 대체물로 만들 수준에 도달하지는 않았으나, 분절화되어가는 글로벌 에너지 거버넌스에서 중국과 제3세계권의 움직임은 정책 입안자와 투자자에게 중요한 경제적 영향을 미친다.[5]

실효성 있는 목표의 공유와 탄소 관련 규제의 새로운 규범 마련은 에너지 전환과 관련한 글로벌 거버넌스를 필요로 한다. 유엔기후변화협약United Nations Framework Convention on Climate Change(UNFCCC)과 국제재생에너지기구International Renewable Energy Agency(IRENA) 그리고 글로벌녹색성장기구Global Green Growth Institute(GGGI)와 녹색기후기금Green Climate Fund(GCF)과 같은 국제기구를 중심으로 기후변화와 에너지 전환에 관한 논의와 지원이 이루어지고 있으나, 구속력과 효율성을 지닌 거버넌스의 마련은 여전히 과제로 남아 있다. 선진국-개발도상국 간의 '동반 에너지 전환' 문제 역시 지속적인 글로벌 거버넌스 차원의 관리와 재원 마련을 필요로 한다. 기금 공여국은 재원 사용의 투명성과 효율성에 대한 신뢰를 가지고 있지 못하고, 피지원국들은 충분치 못한 기금의 규모와 접근 용이성에 대한 불만을 표출하고 있다. 파리협정과 UN기후변화협약을 중심으로 거버넌스의 큰 틀은 형성이 되어 있지만, 장기적으로 실효성 있는 동반 에너지 전환과 글로벌 탄소중립은 많은 도전을 안고 있다.

탄소중립의 도전과 과제

2023년 11월 말 개최된 제28차 유엔기후변화협약 당사국총회 COP28에서는 2030년까지 에너지 부문에서 화석연료로부터의 전환을 가속화한다는 내용을 담은 'UAE 컨센서스'를 채택하였다. 화석연료의 단계적 퇴출이라는 초기의 제안은 일부 회원국들의 강한 반대에 직면했지만, 지구 온도 상승 억제 1.5℃ 목표 달성을 위한 전환 기조는 재확인되었다. 이를 위해 2030년까지 전 지구적으로 재생에너지 용량을 확충하고 에너지 효율을 높이는 한편, 원자력 및 탄소 포집·활용·저장Carbon Capture, Utilization and Storage(CCUS) 등 저탄소 기술의 가속화를 추진할 것이 논의되었다.

탄소중립의 과제는 우선적으로 물량과 탄소 배출 그리고 가격에서 경쟁력을 갖춘 에너지 기술이 확보되어야 하고, 이를 정책적인 틀로 뒷받침해야 한다. 탄소중립은 하나의 단일한 방안이 아닌 여러 차원의 다양한 솔루션을 기반으로 한다. 아울러 에너지 전환 과정에서 에너지 안보를 손상시키지 않는 속도 조절과 국내외의 새로운 격차 발생을 최소화시킬 필요가 있다.

잠재적인 글로벌 에너지 위기에 선제적으로 대응하기 위해서 에너지 안보는 에너지 전환과 상호 보완 구조를 구축해야 한다. 지속적인 경제 및 산업 활동에 필요한 필수 에너지원의 안정적 공급 기반은 어떤 상황에서도 보장되어야 한다. 에너지 공급 체계의 단절 또는 교란은 단기적으로는 재생 및 대체 에너지의 활용 필요성을 증가시키기도 하지만, 이들 대안이 공급량과 안정성에서 충분한 대체 효과를 가져오지 못할 경우 오히려 에너지 전환의 안정적 이행을 저해할 수도 있다. 안정적인 에너지 수급

시스템 운영은 에너지 전환과 탄소중립이 차질 없이 진행될 일차적인 기반을 제공한다. 이를 바탕으로 청정에너지 기술과 정책적 장치들이 가속화될 수 있는 이행 전략이 마련되어야 한다. 또한 에너지 전환을 통해 화석연료 기반의 글로벌 에너지 갈등 상황을 극복해내기 위해서는 기술적, 정책적 그리고 국제협력 차원의 다양한 대안들을 복합적으로 고려해야 한다. 나아가 글로벌 차원의 저탄소 에너지에 대한 투자가 활성화되기 위해서는 자금 확보와 더불어 리스크 관리와 효율성과 투명성에 대한 노력이 수반되어야 선진국과 개발도상국 간의 균열을 방지할 수 있다.

2 에너지 위기와 국제질서의 변화

남정호 한국언론진흥재단 미디어본부장

    전쟁 때문이든 급격한 생산 감축 탓이든, 심각한 에너지 위기는 국제질서의 변화를 수반하기 마련이다. 2022년 러시아의 침략에서 비롯된 우크라이나 전쟁도 국제 에너지 시장을 뒤흔들면서 국제 정세에 막대한 영향을 끼쳤다. 무엇보다 전쟁 당사자인 러시아가 석유와 천연가스 등의 주요 에너지 생산국인 까닭이다.[6] 이 장에서는 우크라이나 전쟁은 왜 일어났으며 현재 상황은 어떤지 그리고 이것들이 세계와 에너지 부문에 어떤 영향을 미치는지를 살펴본다.

우크라이나 전쟁 배경과 전개 상황

우크라이나는 유럽에서 러시아 다음으로 가장 큰 국가다. 한반도의 약 세 배에 이르는 60만 제곱킬로미터에 달하는 광활한 영토를 가지고 있으며 이곳의 비옥한 '흑토'에서 재배되는 밀의 주요 수출국이다. 지하자원도 풍부해 석탄과 철광석의 주요 산지이기도 하다.

우크라이나는 영토의 크기와 부존자원뿐 아니라 지정학적으로도 중요한 의미를 갖고 있다. 무엇보다 서유럽 지역으로서는 중앙아시아로 가는 관문이며 러시아의 입장에서는 바다로 통하는 회랑 지역이다. 북대서양조약기구North Atlantic Treaty Organization(NATO)와 러시아 간 충돌을 방지하는 전략적 완충지대의 역할도 수행하고 있다. 요컨대 광활하면서도 풍요로운 영토뿐 아니라 지정학적으로도 중요한 국가인 셈이다.

이런 우크라이나를 2022년 2월 24일, 러시아 군대가 '특별군사작전'이라는 이름으로 침공했다. 러시아의 가장 큰 침공 이유는 우크라이나의 NATO 가입을 막기 위해서였다. 1991년 소련연방에서 탈퇴한 우크라이나는 줄기차게 NATO 가입을 추진해 왔다. 독립 후에도 이어지는 러시아의 압력으로부터 벗어나기 위해서였다. 그러나 폴란드와 헝가리의 NATO 가입을 묵인했던 러시아는 우크라이나에 대해서는 완전히 다른 입장을 취해

왔다. 전략적으로 우크라이나는 폴란드, 헝가리와는 차원이 다른 까닭이다. 이들 나라와는 달리 우크라이나는 러시아와 국경을 바로 맞대고 있으며 국경지역에서 러시아의 수도 모스크바까지는 500킬로미터에 불과하다. NATO 가입 후 서방 미사일이 우크라이나-러시아 국경지역에 배치된다면 푸틴 정권으로서는 그냥 넘어갈 수 없는 심각한 위협이 될 수밖에 없다는 얘기다.

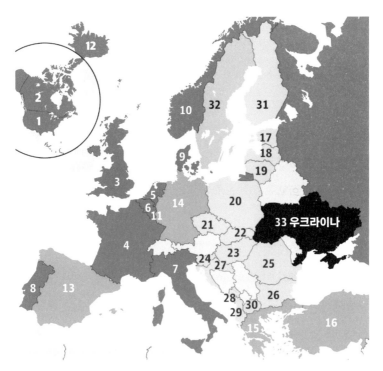

그림 1. NATO 회원국 및 가입 추진국(숫자는 가입 순서. 32번 스웨덴은 2024년 2월에 가입, 33번 우크라이나는 가입 의사를 밝힌 상황. 출처: *DAGENS NYHETER*).

우크라이나 전쟁 양상은 당초 예상에서 크게 벗어났다. 군사력의 큰 차이에도 불구하고 곧 항복할 것이라는 일반적인 관측과는 달리 우크라이나는 러시아의 공세를 성공적으로 막아내왔다. 코미디언 출신의 우크라이나 대통령 볼로디미르 젤렌스키는 전쟁이 터지는 즉시 외국으로 도피할 거라는 전망이 우세했다. 그러나 젤렌스키는 결사 항전을 외치며 우크라이나 국민들을 단합하는 데 성공했다. 최첨단 전투기와 수많은 탱크와 대포 그리고 월등히 많은 병력으로 무장한 러시아이지만 단시간에 우크라이나를 제압하지 못했다. 여기에는 여러 가지 원인이 작용했다. 우선 시대가 바뀌면서 유용한 무기가 달라지는 등 전쟁의 양상이 변했기 때문이었다. 예컨대 러시아는 제2차 세계대전 때처럼 탱크를 이용한 '시가전'에서의 주도권 확보를 주요 전술로 채택했다. 하지만 러시아군 탱크는 드론과 어깨에 메는 개인용 미사일에 의해 너무도 쉽게 파괴돼 제구실을 못했다. 종래의 군사력상 우위가 아무런 의미가 없어진 셈이다. 러시아군의 사기 문제도 심각하다. 러시아군 내부에서는 우크라이나인과 싸우는 데 대한 저항감이 존재한다. 과거 우크라이나는 소련연방의 일원이었던 탓에 러시아인에게는 같은 나라 국민이었다는 인식이 퍼져 있다. 부모 중 한쪽은 러시아인, 다른 한쪽은 우크라이나인인 경우도 많다. 이런 터라 러시아군 장병들에게는 우크라이나인들을 살해하는 데 대한 거부감이 적지 않다. 전쟁 발발 후

너무나 쉽게 투항하는 러시아군이 속출했던 것도 이와 무관치 않다. 반면, 우크라이나군으로서는 이번 전쟁이 침략자들을 물리치기 위한 싸움으로 여겨질 수밖에 없다. 이 때문에 우크라이나인들은 자신의 집과 가족을 지키기 위해 결사 항쟁을 했던 것이다. 이런 양측의 입장 차이는 두 나라 군대의 사기에 직접적으로 영향을 미쳐 우크라이나 선전의 원인으로 작용한 것으로 분석되고 있다. 이 밖에 푸틴 정권이 정보기관인 FSB(구 KGB) 출신 인사들을 우대해 이들이 군대의 지휘부를 장악한 점도 러시아의 패인으로 꼽힌다. 정보 분야에서만 일했던 FSB 출신 군인들은 전투 경험이 부족한데다 군사 기술에 대해서도 무지해 러시아군을 효과적으로 지휘하는 데 실패한 것으로 평가받고 있다.

어쨌든 이러한 요인들에 힘입어 우크라이나는 푸틴 정권의 침략을 효과적으로 막아내고 서방측 군사적 지원까지 얻어내는 데 성공함으로써, 2024년 하반기까지 2년 넘게 러시아와의 싸움을 이어가고 있는 것은 물론 2024년 8월부터 러시아 본토의 접경 지역인 쿠르스크까지 공격하는 전과를 냈다.

미국의 대러시아 에너지 제재

우크라이나 전쟁은 여러 면에서 국제사회에 큰 영향을 끼쳤지만 그중에서도 가장 결정적 타격을 받은 곳이 에너지 분야다. 무엇보다 전쟁 당사자인 러시아가 석유와 천연가스 등 핵심적인 에너지 공급국인 까닭이다. 실제로 2020년에 발표된 2019년도 에너지 산업이 러시아의 국내총생산GDP에서 차지하는 비중은 24.3%, 총세수 규모에서 차지하는 비중은 39.3%, 총수출에서의 비중은 62.1%였다.[7] 이 같은 수치에서 보듯, 에너지 산업에 대한 러시아 경제의 의존은 절대적이다. 미 대선 후보였던 고故 존 매케인 상원의원이 러시아를 "국가를 가장한 주유소"라고 비유한 것도 이 때문이다.[8]

이런 터라 우크라이나 전쟁이 발발하자 미국은 이 싸움을 끝내기 위해서 러시아 에너지 분야에 대한 제재 정책을 채택했다. 미국은 러시아의 에너지 분야를 죄면 푸틴 정권이 전쟁을 계속할 의지를 상실할 걸로 판단했던 것이다. 이로 인해 미국은 러시아의 석유 관련 품목 수출을 막기 위한 여러 가지 조치를 취한다. 이런 제재 정책이 국제질서에 다양한 영향을 미치고 있는 것이다. 사실 미국 입장으로 봐선 우크라이나 전쟁은 꽃놀이패가 아닐 수 없다. 전쟁이 진행되면 될수록 러시아로서는 국력 손실이 커질 수밖에 없다. 예상과는 달리 전쟁이 장기전으로 이어지면서 러시아군 내 사상자도 쏟아지고 있으며 막대한 전쟁비용은 갈수록 눈덩이처럼 불어났다. 이 때문에 바이든 대통령은 우크라이나 전쟁으로 푸틴 정권에 대한 러시아 국민들의 불만이 커질 걸로 믿었다. 이와 함께 공개적으로 밝히진 않지만 러시아의 석유 및 천연가스 수출 감소가 미국 에너지 기업들의 이익으로 이어질 것으로 미국은 판단했을 공산이 크다.

그러나 시간이 지나면서 이 같은 바이든의 당초 생각이 오판이었음이 드러났다. 우선 시간이 흐르자 안정되긴 했지만 미국의 러시아 석유 봉쇄 직후 유가는 걷잡을 수 없이 뛰었다. 2021년 초 갤런당 $2 남짓했던 석윳값은 2022년 6월에는 $5 선을 훌쩍 넘었다.[9] 2.5배나 뛴 셈이다. 뉴욕 맨해튼과 같은 극소수 지역을 제외하고는 미국에서는 자동차 없이 생활하는 게 불가능하다. 미국에서 자동차는 곧 신발 같은 것으로 우유 한 팩을 사더라도 차를 타고 가는 게 일반적이다. 이 때문에 휘발유 가격의 인상은 미국인들에겐 엄청난 경제적 타격이 아닐 수 없다. 이런 생활 패턴으로 인해 유가 인상은 사회 전반에 걸친 인플레이션의 원인으로 작용했다. 역사상 전례가 드문 물가 폭등이 일어나면서 바이든 정권의 인기는 말 그대로 끝없는 나락으로 추락했다. 푸틴을 잡으려던 러시아 에너지 제재 정책이 거꾸로 바이든 정권을 위협하는 부메랑으로 돌아왔던 것이다. 실제로 2022년 5월 말 브렌트유Brent Crude가 배럴당 $120 선을 넘자 이 직전 42%였던 바이든의 지지율은 곧바로 6%p나 추락해 36%를 기록했다.[10]

이뿐만 아니라 석윳값이 급등하자 중국·인도·브라질과 같은

BRICS 국가들이 러시아의 석유를 대량으로 사들이기 시작했다. 국제시장의 가격보다 러시아의 에너지 가격이 상대적으로 저렴했기 때문이다. 결국 러시아의 원유 판매량은 줄어들긴 했지만 가격이 오름으로 해서 전체적인 석유 판매 수입은 계속 유지되는 현상이 나타났다. 미국이 기대했던 것과는 다른 현상이 나타난 셈이다.

이 같은 의외의 사태가 발생하자 물론 미국도 가만있지 않았다. 바이든 정부는 비협조적인 나라들을 상대로 대러시아 제재에 동참하라고 압박하기도 했다. 예컨대 브라질의 경우 바이든 대통령이 직접 자이르 보우소나루 브라질 대통령을 만나 협조를 요청하기도 했다. 또 그가 우크라이나 침공설이 돌던 2022년 2월 러시아 방문을 계획하자 미국 정부는 방문을 중단하라고 압박하기도 했다. 그러나 이런 압박은 성공하지 못했다. 보우소나루 대통령은 러시아로 날아가 보란 듯 푸틴과 양자 회담을 열고 기념사진을 찍는다. 또 보우소나루 대통령은 미국의 대러시아 에너지 제재가 본격화됐던 2022년 7월, "러시아로부터 싼값에 경유를 사들일 계획"이라고 직접 발표하기도 했다.[11] BRICS 국가를 중심으로 많은 국가들이 미국의 대러시아 제재에 동참하지 않음을 상징적으로 보여주는 사건이었다. 더 놀라운 대목은 전통적인 미국의 우방으로 여겨졌던 사우디아라비아와 아랍에미리트, 심지어 이스라엘까지 러시아 제재에 동참하지 않았다

는 사실이다.[12]

이 같은 전통적 우방국가의 비협조는 러시아산 원유의 파격적인 가격 때문이었다. 당시 러시아산 원유는 국제 원유시장의 일반 가격에 비해 많게는 배럴당 $20 이상 저렴했다. 이런 가격상의 이점으로 저소득 국가는 러시아산 원유를 구하는 데 혈안이 됐던 것이다. 실제로 인도의 경우 2022년 12월 한 달 동안 하루 평균 120만 배럴을 수입, 전쟁 전보다 33배나 더 많이 들여온 것으로 나타났다.[13]

이 같은 바이든 정부의 러시아 제재 실패에는 인적 요인도 작용했다. 대러시아 제재 계획을 입안했던 인물은 바이든 외교팀의 핵심 인물인 토니 블링컨 국무장관과 제이크 설리번 백악관 국가안보보좌관인데 이들이 이란 경제제재를 성공시켰던 장본인이라는 게 문제였다. 대개 난제를 해결했던 인물은 자신의 경험을 토대로 똑같은 전략이 어떤 경우에도 잘 통할 걸로 믿기 십상이다. 경제제재를 통해 이란을 굴복시켰던 블링컨 장관과 설리번 보좌관은 러시아에 대한 경제제재 역시 성공할 거로 믿고 밀어붙였던 것이다. 그러나 러시아는 이란과 달랐다. 가장 중요한 차이는 이란의 경우 세컨더리 보이콧이 작동했으나 러시아에서는 적용되지 않았다는 점이다. 세컨더리 보이콧은 특정 국가에 대한 제재 정책에 협력하지 않는 국가 또는 기업에 대해서는 미국이 독자적으로 제재를 가하는 것이다. 이런 이유로 러시아의 원유를 수입하더라도 미국으로부터 보복을 당할 위험이 없기 때문에 중국, 인도 등은 마음 놓고 러시아산 석유를 수입할 수 있었다. 러시아에 대한 에너지 제재가 작동할 리 없는 구조였다.[14]

러시아 제재의 후유증

푸틴 정권이 큰 타격을 입진 않았지만 러시아 경제제재가 끼친 영향은 다양했다. 한국의 경우는 러시아로부터 수입하는 석유의 비중이 그리 크지 않아 직접적인 피해를 입진 않았다. 2021년 한국은 전체 원유 수입의 5.6%가량을 러시아로부터 수입했다.[15] 전 세계 석유 생산에서 러시아가 차지하는 비율이 10% 이상에 이른다는 사실에 비춰보면 상대적으로 한국의 러시아산 석유에 대한 의존도는 그리 크지 않은 셈이다. 그러나 문제는 러시아산 석유가 세계 시장에서 제대로 유통되지 않음으로 인해 발생한 원유가 폭등 현상이었다. 원유가가 전반적으로 치솟음으로써 한국도 가격 상승에 따른 경제적 어려움을 겪게 됐다는 얘기다. 실제로 한국의 휘발윳값은 2022년 6월 말 리터당 2,145원까지 뛰었다. 뿐만 아니라 이 시기에 휘발유보다 훨씬 저렴했던 경유 가격이 리터당 2,168원을 기록, 휘발유를 넘어서는 현상까지 일어났다.[16] 경유는 다수의 산업에서 에너지원으로 사용된다. 따라서 경유가의 상승은 원가 인상을 야기함으로써 전반적인 소비재 가격 상승과 이에 따른 산업 경쟁력 약화로 이어질 수밖에 없다.

우크라이나 전쟁 발발로 비롯된 원유가 인상이 국제질서에 주는 영향은 다양하면서도 막대했다. 가장 분명한 대목은 바이든 행정부가 겪었던 위기 상황이다. 대선을 앞둔 바이든의 지지율이 역대 어느 정권보다 낮은 것도 러시아 제재 실패와 이에 따른 인플레이션과 무관치 않다. 러시아 에너지 제재가 본격화됐던 2022년 6월 미국은 전년도보다 물가가 9.1%나 오르는 기록적인 인플레이션에 시달려야 했다. 이는 1981년 이래 40여 년만의 최고치다.[17]

한편 미국의 제재가 강화되자 러시아도 수수방관하지 않았다. 우선 자국에서 생산되는 천연가스를 무기화했다. 2022년 6월부터는 유럽에 대한 가스 공급을 대폭 감축함으로써 서유럽 국가들을 곤란에 빠트렸다. 노르트스트림1Nord Stream 1을 통해 독일로 공급되던 천연가스 공급량은 2022년 6월 40%나 줄었고 8월에는 추가로 20% 더 감소했다. 이 같은 급격한 러시아의 가스 공급 축소는 가격 폭등으로 이어졌다. 실제로 천연가스 가격 지표로 사용되는 네덜란드 TTF 가스 선물 가격은 2021년 1월 1MWh당 약 €13였던 것이 2022년 8월 말에는 무려 26배인 €340까지 치솟았다.[18]

상황이 이렇게 전개되자 러시아의 에너지, 특히 천연가스에 크게 의존하던 서유럽 국가들에겐 비상이 걸렸다. 러시아산 천연가스가 부족해질 경우 난방은 물론 음식 조리까지 어려움을 겪을 게 분명했던 까닭이다. 이에 따라 서유럽 국가들은 2022년 여름부터 '난방 없는 겨울'을 겪지 않기 위해 전례 없는 혹독한 에너지 절약 정책을 실시했다. 독일은 공공건물과 기념물의 조명을 끄도록 강제했다. 아울러 강당에서의 난방 금지, 사용량이 적은 신호등 이용 중단도 실시했다. 프랑스에서는 상점들에 대해 엄격한 에너지 절약 정책을 적용했다. 여름에는 27℃ 이하의 냉방을 금지했으며 겨울에는 19℃ 이상으로 난방을 하지 못하도록 했다. 네덜란드에서는 '5분 이내 샤워하기' 캠페인이 벌어지기도 했다.[19]

최악 넘긴 에너지 위기와 우크라이나 전쟁 여파

혹독한 절약 정책을 쏟아낼 정도로 서유럽 국가들은 에너지 위기를 걱정했지만 2022년 말에는 우려했던 최악의 상황은 일어나지 않았다. 기록적으로 따뜻한 겨울이 찾아왔기 때문이었다. 실제로 헝가리의 수도 부다페스트는 2022년 12월에 역사상 가장 따뜻한 크리스마스이브를 기록했으며 2023년 1월 1일에는

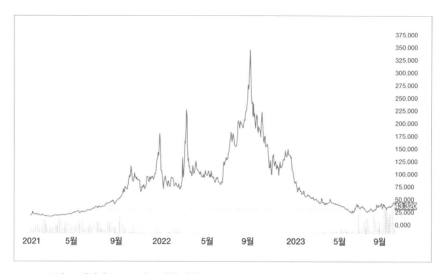

그림 2. 네덜란드 TTF 가스 선물 가격(단위: MWh당 유로, 출처: TradingView.com).

한겨울 온도가 18.9℃까지 올라갔다.[20] 다른 유럽 국가도 상황
은 비슷했다. 결국 전례 없는 따뜻한 겨울 날씨로 러시아의 '에
너지 협박'은 위력을 발휘하지 못한 셈이다. 실제로 2022년 8월
€276까지 치솟았던 네덜란드 TTF 가스 선물 가격은 2023년 1월
30일 €55.12로 마감됐다. 이는 러시아 침공 이틀 전인 2월 22일
€79.74보다도 낮은 가격이다.

　원유가 역시 안정되기는 마찬가지였다. 시장 예상과 달리
2022년 3월과 6월에 최고치를 기록한 석유 가격이 급격히 하락
했고 2023년 10월 말에는 배럴당 $85 선으로 떨어졌다. 경기 침
체 우려에다 중국의 제로 코로나 정책으로 에너지 수요가 크게

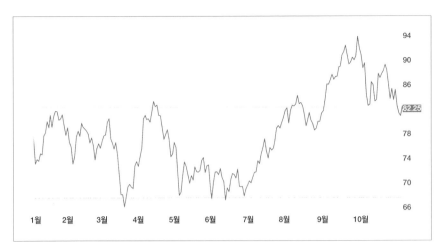

그림 3. 2023년 서부텍사스유(WTI) 가격(단위: USD, 출처: TradingView.com).

줄어든 탓이다.

기록적으로 따뜻한 겨울에다 중국의 경기 침체로 우려했던 만큼 에너지 위기가 심각하지는 않았지만 그 여파는 컸다. 우선 화석연료가 부활했다. 영국·독일·프랑스·오스트리아·네덜란드 등은 석탄발전소 폐쇄 정책을 변경했다.[21] 핵발전소도 새롭게 각광받기 시작했다. 프랑스는 14개의 추가 핵발전소 건설을 계획하고 있으며, 2022년 말까지 모든 핵발전소를 폐쇄할 계획이었던 독일은 세 개의 핵발전소의 수명을 2023년 4월까지 연장하기도 했다.[22]

비록 화석연료가 부활하는 상황이 벌어지고 있지만 이번 우크라이나 전쟁에서 비롯된 에너지 위기 사태가 장기적으로는 재생가능에너지의 활성화에 긍정적인 효과를 준다는 사실은 간과해서는 안 된다. 푸틴 정권의 천연가스 공급 감축 전략에 시달린 서유럽 국가들이 에너지 분야에서의 러시아 의존도를 줄이기 위해 노력하는 것은 당연한 일이다. 이들 나라들은 장기적으로 재생에너지를 더욱 발전시킴으로써 에너지 독립을 이루려 한다. 독일의 '그린 수소' 정책이 대표적인 사례로, 독일은 관련 기술을 발전시키기 위해 캐나다와 '수소 동맹'을 맺기로 합의했다.[23] 여기서 그린 수소는 재생에너지를 사용하여 얻은 수소를 뜻한다.

한편 우크라이나 전쟁은 에너지 분야뿐 아니라 국제질서에도 커다란 변화를 일으켰다. 가장 분명한 변화는 NATO에 대한 인식 변화다. 그간 미국과 서유럽 국가 사이에는 NATO 무용론이 광범위하게 퍼져 있었다. 1989년 소련 해체 이후 NATO가 대응해야 할 만한 위협이 존재하느냐는 의문이 계속 제기됐던 것이다. 그러나 우크라이나 전쟁을 계기로 NATO의 역할과 동맹의 중요성이 새삼 부각됐다. 이번 전쟁을 통해 여전히 러시아가 서방국가의 결정적 위협임이 확인됐기 때문이다. 아울러 우크라이나가 NATO에 가입하지 않은 탓에 미국과 영국·독일·프랑스 등 다른 서유럽 국가들이 군사적 지원을 충분히 하지 못했다는 분석이 나오면서 핀란드가 2023년 4월 NATO에 들어가고 스웨덴도 2024년 2월에 가입했다는 사실은 눈여겨볼 대목이다.

3 글로벌 탄소시장의 동향 및 시사점

김용건 연세대학교 국제학대학원 교수

전 세계는 갈수록 심각해지는 기상이변으로 몸살을 겪고 있다. 중국의 폭염, 리비아의 홍수 등 이상 기후에 따른 사망자 수가 2023년에만 이미 1만 2,000명에 달해 전년보다도 30% 증가하였다.[24] 이처럼 심각해지는 기후변화 문제를 근원적으로 해결하기 위해서는 지구온난화의 원인 물질인 온실가스의 배출을 완전히 제거해야 한다. 이는 온실가스의 순배출을 제로로 만드는 것인데, 온실가스의 총배출(화석연료 연소 등에서 발생)에서 흡수량(산림의 광합성 활동 등)을 차감한 양을 '0'으로 만드는 것을 뜻하며, 탄소중립Carbon neutrality 혹은 넷제로Net Zero라 부른다.

기후변화에 대한 국제사회의 대응은 1988년 설립된 국제 연구조직인 기후변화에 관한 정부간 협의체Intergovernmental Panel on Climate Change(IPCC)와 함께 본격화되었다. IPCC는 기후변화 관련 연구를 종합하여 주기적으로 평가보고서를 발간함으로써 기후변화에 대한 국제사회의 대응을 주도하고 있다. 2018년에는 중요한 보고서를 발표하였는데, 〈1.5℃ 특별보고서〉가 그것이다. 이때까지만 해도 국제사회의 기후변화 대응 목표는 지구 평균기온을 산업화 이전 대비 2℃ 이내로 억제하는 것이었으며, 그마저도 행동이 뒤따르지 않는 이상적 목표에 불과한 상황이었다. 하지만 〈1.5℃ 특별보고서〉는 2℃ 목표는 너무 위험하며 1.5℃ 이내로 지구온난화를 억제하지 않을 경우 심각한 피해가 우려된다는 과학적 근거를 보여주었다. 더 중요한 것은 1.5℃ 이내 기온 상승을 억제하는 것이 기술적으로 가능하다는 점과 함께 그러한 노력을 위한 비용과 부담이 전 세계 경제가 감당할 수 있는 수준이라는 근거를 제시하였다. 이러한 과학적 근거는 이후 탄소중립을 향한 범지구적 노력을 촉발시키는 계기가 되었다.

탄소중립을 위한 각국의 계획

IPCC의 〈1.5℃ 특별보고서〉를 계기로 전 세계 각국은 탄소중립을 위한 노력을 본격화하였다. 2023년 12월 전 세계 198개국

중 151개국이 탄소중립을 약속하였는데, 이는 배출량 기준으로 88%, GDP 기준으로는 92%, 인구 기준 89%에 해당하는 것으로 달성 시기에 다소 차이가 있을 뿐 사실상 대부분의 국가가 탄소중립을 목표로 채택하고 있다.[25]

국가	탄소중립 목표연도	2030년 감축목표 강화	탄소시장과 적용범위	주요 정책 방향
EU	2050	1990년 대비 40% → 55%	EU ETS 시장 안정화 예비분(MSR)	EU 그린딜—재생에너지, 그린 모빌리티, 건물에너지 효율 향상 등 €1조 투자
미국	2050	2005년 대비 35% → 52%	일부 주정부	세계 기후정상회담(2021년 4월) 개최 발전 부문 2035 탄소중립 탄소의 사회적 비용(SCC) 톤당 $8 → $51 북미산 청정에너지 지원(IRA, $4,370억)
중국	2060	집약도* 60~65% → 65% 이상	지역+전국	재생에너지, 탄소 포집·활용·저장(CCUS) BECCS**, 에너지 저장
일본	2050	2013년 대비 26% → 46%	일부 지역, GX League	재생에너지, 수소 2,000만 톤 도입(2050) 암모니아·수소·소형모듈원자로, 전기차
영국	2050	1990년 대비 53% → 68%	UK ETS 최저가격제	발전 부문 2035 탄소중립 전기·수소화, 탄소 포집 및 저장(CCS) 육류 소비 저감, 단거리 항공 제한

*이산화탄소 집약도: 온실가스 배출량을 에너지로 나눈 값.
**바이오에너지 탄소 포집 및 저장.

표 1. 주요국의 탄소중립 정책 현황.

글로벌 넷제로 노력의 리더 역할을 하고 있는 유럽연합EU
은 2019년 기후변화 대응 및 성장 전략으로서 '유럽 그린딜'
을 발표하면서 2050년 탄소중립 목표를 선언하였다. 이와 함께
2030년 감축목표도 1990년 대비 40%에서 55%로 강화하였으
며, 온실가스 감축을 위해 그린 모빌리티, 재생에너지, 건물에너
지 효율화, 청정 및 순환경제 등에 대규모 투자를 진행하고 있
다. EU는 강화된 감축목표의 달성을 위해 2021년 7월 14일 입법
안 패키지 'Fit for 55'를 발표하였다.[26] 이 패키지에는 배출권 거
래제Emission Trading System(ETS)의 확대 적용 및 개선, 탄소관세의
한 형태인 탄소국경조정제도CBAM의 도입, 탄소흡수원 확대, 항
공 및 해운 분야의 친환경 연료 보급, 공정한 전환을 위한 지원
등이 포함되어 있다. 또한 탄소중립산업법Net Zero Industry Act을
통해 재생에너지, 배터리, 탄소 포집·활용·저장CCUS 등 8대
탄소중립 전략기술의 EU 내 제조 역량을 2030년까지 연간 수요
의 80% 이상으로 제고하기 위해 규제 간소화, 인력 및 연구개발
지원, 정부조달 친환경 기준 강화, 역외 보조금 규제 등을 시행
하고 있으며, 핵심원자재법Critical Raw Materials Act을 통해 16종의
전략 원자재에 대하여 역내 채굴(10%), 가공(40%), 재활용(15%)
등의 비중 목표를 수립하여 지원하고 있다.

미국은 바이든 행정부가 들어서면서 트럼프 행정부에서 탈
퇴한 파리협정에 재가입하고 2050 탄소중립을 선언한 것은

물론 세계 기후정상회담 개최 등을 통해 국제 기후외교 리더십을 강화하고 있다. 2030년 감축목표 또한 기존의 35% 수준 (2005년 대비)에서 50~52%로 대폭 강화하였으며 발전 부문의 경우 2035년까지 탄소중립을 추진 중이다. 바이든 행정부는 인플레이션과 기후변화 대응을 지원하기 위한 인플레이션 감축법 IRA을 제정하였는데, 이는 태양광, 풍력, 전기차, 배터리 등 에너지 안보 및 기후변화 관련 활동에 $3,690억을 지원하는 등 총 $7,370억[27]에 달하는 보조금 지원정책을 시행 중이다. 특징적인 것은 대중국 견제, 미국 내 친환경 산업 경쟁력 제고 및 양질 일자리 창출을 목적으로 미국 및 FTA 체결국에서 생산된 제품에 대해서만 보조금을 지원한다는 점이다.

중국은 개발도상국 그룹의 대표로서 그동안 기후변화가 선진국 책임이라는 점을 강조하며 온실가스 감축에 소극적인 태도를 견지해왔음에도 불구하고 탄소중립 대열에 동참하였다. 비록 목표연도가 2060년이라는 점에서 타 선진국보다 10년 늦는 일정이라지만 수십 년의 산업화 격차를 고려할 때 긍정적인 평가를 받을 만한 것이다. 다만 2030년 목표와 같이 단기적인 감축목표 강화에서는 아직 유보적인 입장을 보이고 있다.

일본도 2050 탄소중립 선언과 함께 세계 최초 탈탄소 사회의 실현을 목표로 다양한 분야의 기술 개발과 투자를 계획하고 있으며, 신재생에너지, 수소 경제, 전력화 등을 중점 과제로 추진하고 있다.

영국은 2050 탄소중립을 위해 2035년까지 발전 부문 탄소중립을 달성한다는 계획이다.

우리나라도 2020년 말 2050 탄소중립 목표와 달성 전략을 UN에 제출하였다. 이에 따르면 재생에너지, 동북아 슈퍼그리드 등을 통한 그린 전기 및 수소 활용 확대와 함께, 스마트 그리드, 자율주행차 등을 활용하여 디지털 기술과 연계한 혁신적 에너지 효율 향상을 추진할 계획이다. 또한 CCUS, 수소환원제철, 생물원료, 바이오플라스틱 등 탈탄소 미래기술 개발 및 상용화와 함께, 재활용 및 재사용을 통한 순환경제 실현으로 지속가능한 산업 혁신을 이룬다는 전략이다.

국제 탄소시장 동향

온실가스의 배출을 줄이기 위해서는 자발적 노력에만 의존할 수는 없으며, 다양한 형태의 규제를 통해 정부가 개입하여야 한다. 유망한 저탄소 기술의 연구개발을 지원하는 정책, 배출 행위에 대한 규제, 배출량에 대한 세금 부과, 배출 쿼터의 할당 및 거래, 탄소 발자국과 같은 정보 제공을 통한 저탄소 제품 소비의 촉진, 기후변화 관련 교육 등 정부는 여러 가지 정책 수단을 시행하게 된다. 그중에서도 미리 정해진 배출 목표에 상응하는 배출 쿼터(배출권)를 발행하여 거래하도록 하는 온실가스 배출권 거래제가 점차 핵심적인 정책 수단으로 확산되고 있다. 온실가스 배출권 거래제는 탄소시장이라 불리기도 하는데, 탄소세 정책과 함께 배출되는 온실가스에 가격을 부과하는 정책이라는 점에서 탄소가격 정책Carbon pricing으로 분류된다.

온실가스의 순배출량을 0으로 만드는 탄소중립을 실현하기 위해서는 경제구조 자체의 근본적 변화가 필요하다. 시장경제에서 이러한 변화는 모든 재화와 용역의 가격에 탄소의 가격이 반영될 수 있어야 가능해진다. 온실가스 감축목표 달성에 필요한 탄소가격의 수준을 도출하고 이를 모든 제품의 시장가격에 반영되도록 한다는 점에서 탄소시장은 가장 효율적인 기후정책으로 평가받는다.

세계 각국은 각기 자국에 맞는 탄소시장을 설계하여 적용하고 있다. 2023년 초 기준 전 세계에는 34개의 배출권 거래제가 시행되고 있으며 총배출량의 17%를 규제하고 있다. 경제 규모 측면에서는 전 세계 GDP의 55%를 점하는 지역에서 탄소시장이 운영되고 있으며, 전 세계 인구의 1/3이 탄소시장의 관리를 받고 있다.[28] 탄소시장과 함께 탄소가격 정책의 핵심 수단인 탄소세도 전 세계적으로 30건이 시행 중인데, 이를 포함하면 글로벌 온실가스 배출의 약 23%가 탄소가격의 적용을 받고 있다.[29]

EU는 2005년부터 세계 최초이자 최대 규모의 배출권 거래제 EU ETS를 운영 중이다. EU 28개 회원국과 아이슬란드, 리히텐슈타인, 노르웨이 등 총 31개국이 참여하고 있으며 전체 배출량의 45%가 배출권 거래제의 적용을 받고 있다. 시행 초기에는 배출권 가격의 급등락 등 불안정한 상황을 보이기도 하였고, 지나치게 낮은 배출권 가격이 장기간 지속되기도 하여 탄소시장 무용론이 제기되기도 하였지만 지속적인 제도 개선 노력을 통해 명실상부한 세계 최대이자 최고의 탄소시장으로 발전하였다. 특히 2021년부터 시작하는 제4기부터는 배출권 수급 불균형을 해소하기 위한 제도적 장치로서 시장 안정화 예비분Market Stability Reserve(MSR)의 운영이 시작되었는데, 감축목표 강화와 함께 투명하고 예측가능한 시장 안정화 조치의 영향으로 배출권의 시장 가격이 안정화되는 효과를 거두고 있다.

앞에서 언급한 'Fit for 55'라 불리는 법안 패키지는 EU ETS 관련 해양 수송, 항공 부문 및 CBAM 대상 업종에 대한 무상할당을 폐지하고 국제항공 부문에서 시행 중인 국제항공 탄소 상쇄 및 감축 제도Carbon Offsetting and Reduction Scheme for International Aviation(CORSIA)와 EU ETS를 연계하고 MSR의 추가 개선 등을 포함하고 있다. 또한 Non-ETS 부분인 수송 및 건물 부문에 대해서도 별도의 배출권 거래제도를 시행할 계획이다. CBAM은 구체적으로 EU 지역으로 수입되는 제품에 대해 수출국의 탄소

가격 부담이 EU보다 낮을 경우 그 차이에 해당하는 탄소가격을 제품의 생산과정에서 발생한 온실가스 배출량에 대해 부담시키는 일종의 탄소관세에 해당하는 개념이다. 이는 2023년 10월부터 시행하되 처음에는 온실가스 배출 정보에 대한 보고 의무만이 부과되며 2026년부터 철강, 시멘트, 비료, 알루미늄, 전기 및 수소를 대상으로 적용될 예정이다.

미국은 주정부 차원에서는 다수의 지역 단위 탄소 배출권 거래제가 시행 중이다. 뉴욕 등 미국 동부 지역의 10개 주는 발전 시설의 이산화탄소 배출에 대한 총량 규제 및 배출권 거래제도인 지역 온실가스 이니셔티브Regional Greenhouse Gas Initiative(RGGI)를 2009년부터 시행 중인데, 할당 배출권의 거의 대부분을 유상 경매로 공급하는 획기적인 방식을 채택하였다. 일정 수준 이하로 시장가격이 떨어질 경우 배출권 할당 총량을 자동으로 감소시키는 시장 관리 제도를 적용하고 있다. 캘리포니아 주정부도 2012년부터 산업, 발전, 수송, 건물 분야를 대상으로 7종의 온실가스에 대한 배출권 거래제를 시행 중이다. 할당은 경매와 무상할당을 병용하고 있으며, 경매의 경우 최소 낙찰가(2019년 기준 $15.6/톤)를 적용함으로써 지나친 가격 하락을 방지하고 있다. 배출권 가격이 너무 높아질 경우 단계별로 정부 보유 예비분을 매각하여 시장가격을 안정시키는 시장 안정화 대책을 운영 중이며, 2021년부터는 가격 상한($65) 제도가 도입되었다. 미국 전체로 보면 EU 다음으로 큰 규모의 탄소시장이 운영되고 있다. 캐나다의 퀘벡주 배출권 시장과 연계·운영 중인데, 국가 간 탄소시장 연계의 모범 사례로 평가받는다.

중국에서는 상하이, 톈진 등 9개 성에서 지역단위 배출권 거래 시범사업이 시행 중이었는데, 2021년부터 2,225개 화력 발전 시설을 대상으로 전국 단위 탄소 배출권 시장을 출범하였다. 화력 발전에 따른 배출량은 중국 전체 배출량의 약 40%를 차지하는데, 이것만으로도 EU 탄소시장의 두 배에 달하는 큰 규모이다. 배출권은 배출원단위를 기준으로 할당하는 벤치마킹 방식이 적용되는데, 초기에는 원단위 기준이 높지 않아 배출권 수요가 크지 않을 전망이나 점차 원단위 기준이 강화될 계획이다. 대상 분야도 점차 다른 산업 부문으로 확대 적용될 예정이며, 중국 정부는 최근 발표한 2060년 탄소중립 목표 달성의 핵심 정책 수단으로 탄소시장을 활용할 계획이다.

일본은 이미 탄소세를 시행 중이며 일부 지역에서는 탄소시장을 운영하고 있다. 또한 일본 정부는 녹색전환 리그Green transformation League(GX League)라는 정책의 일환으로 국가 단위 자발적 배출권 거래제를 도입하였다.

영국은 탄소시장에 최저가격제를 적용하여 발전 부문을 중심으로 탈탄소화를 가속화하고 있다.

세계 탄소시장 거래 규모는 급속한 성장세를 보이고 있다.

	2020	2021	2022	거래액 변화 (21~22)	비중 (2022)
EU ETS	260.1	682.5	751.5	10%	87%
UK ETS	N/A	22.8	46.6	104%	5%
북미	26	51.7	62.4	21%	7%
중국, 한국, 일본, 뉴질랜드	1.6	4.6	4	-13%	<1%

표 2. 전 세계 탄소시장 거래 규모(단위: 10억 유로, 출처: Refinitiv, 2023).

금융시장 정보 제공 업체 레피니티브Refinitiv(2023)에 따르면 2022년의 경우 EU ETS는 전년 대비 10% 증가한 €7,515억(거래량 92.8억 톤)에 달한다. 비록 전년도의 증가율 162%에는 크게 못 미치지만 우크라이나 전쟁 등의 악재 속에서도 지속적인 증가세를 보여주고 있다. EU ETS만으로도 전 세계 탄소시장 거래 규모의 약 87%를 차지하는데, EU에서 탈퇴했지만 원래 EU ETS에 속해 있던 UK ETS를 포함하면 유럽이 전 세계 탄소시장의 92%를 점유한다. 북미 지역 시장이 7% 이상을 점하고 우리나라를 비롯한 나머지 시장은 미미한 수준에 불과한 실정이다. 우리나라는 거래량과 거래금액 모두 감소하였는데 거래금액은 2022년 전년 대비 23% 하락한 €6억 1,800만에 그치고 있다. 전 세계적으로 탄소시장이 급속한 증가세를 보이고 있는 반면, 우리나라의 시장 규모는 주요 탄소시장 중에서 유일하게 지속적인 하락세를 보이고 있다.

국내 탄소시장 현황 및 시사점

우리나라의 온실가스 배출량은 지금까지 꾸준한 증가세를 보여왔다. 그림 1에서 나타나듯이 IMF 경제 위기와 2019~2020년 코로나 사태를 제외하면 배출량이 1% 이상 줄어든 적이 없는 꾸준한 배출 추세를 보여왔다. 2009년 2020년에 대한 감축목표가 수립되고 이후 감축 로드맵이 마련되었음에도 불구하고 온실가스 증가 추세는 멈추지 않았다. 2015년에는 감축목표가 수정되면서 2020년 목표 배출량이 사실상 완화되는 결과를 초래하였다. 2030년에 대한 목표는 2015년 처음 수립되었는데, 2021년 말 목표를 대폭 강화하여 수정한 국가 온실가스 감축목표Nationally Determined Contribution(NDC)를 수립하여 UN에 제출하였다. 이는 2017년 대비 24.4% 감축에서 2018년 대비 40% 감축(2억 9,100만 톤)으로 연간 1억 톤 수준의 추가 감축이 필요한 매우 도전적인 목표이다. 이러한 목표를 달성하기 위해서는 매년 4~5%의 감축을 지속해야 하는데, 2030년 기준으로 수소 205만 톤 활용, CCUS를 통한 1,120만 톤 감축, 3,750만 톤의 국외 감축 등 가용한 대안을 총동원한다는 계획이다.

탄소중립을 위한 전 세계적인 변화에 대응하기 위한 최선의 전략은 국내적으로 탄소중립을 효율적으로 달성함과 함께 국제 시장에서의 경쟁력을 제고해 나가는 것이다. 이를 위해서는 각 분야에서 다양한 정책적 노력이 필요할 것이다. 미래 저탄소 기술 개발 지원, 신재생에너지 보급을 위한 규제와 인센티브, 교육 및 홍보, 탄소중립 관련 정보의 제공 등 여러 가지 정책이 모

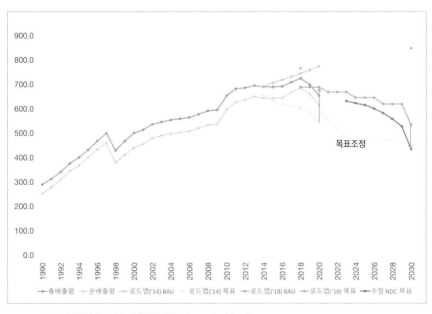

*BAU: 평상시 온실가스 배출전망치(Business-As-Usual).

그림 1. 우리나라 온실가스 배출량 실적 및 목표 배출량 추이(단위: 이산화탄소 100만 톤).

두 체계적으로 추진되어야 한다. 이 중에서도 가장 중요한 것은 온실가스 감축목표의 효율적 달성에 핵심적인 역할을 담당하고 있는 탄소시장 정책일 것이다.

탄소시장 즉 온실가스 배출권 거래제는 우리나라 배출량의 70% 이상을 규제하는 정책수단으로 사실상 국가 감축목표 달성의 열쇠를 쥐고 있다. 국가 목표에 따라 허용가능한 총배출 한도에 대해 배출권을 할당하고, 배출량이 이를 초과할 수 없도록 함으로써 온실가스 배출 제한 목표를 가장 효율적으로 달성한다는 것이다. 온실가스 감축목표 달성을 위해 누가 언제 어떻게 얼마나 온실가스를 줄일 것인가를 시장에서 결정하도록 함으로써 민간의 자율성과 창의성을 최대한 활용할 수 있다. 탄소시장이 효과적으로 작동하게 되면 국가 감축목표의 효율적 달성은 물론 탄소관세 등 교역상의 불이익을 예방하는 데에도 최고의 무기를 제공하게 된다.

우리나라는 온실가스 감축목표의 효율적 달성을 위해 일정 규모 이상의 온실가스 배출시설을 대상으로 2015년부터 배출권 거래제를 시행하고 있다. 3년 단위로 1차 및 2차 계획기간이 종료되고 현재 2021~2025년의 5년간에 대한 제3차 계획기간이 진행 중이다. 배출권 거래제가 적용되는 시설의 배출량은 2020년 기준으로 총 5억 5,440만 톤이며, 이 중 산업 부문이 3억 1,400만 톤으로 56.6%를 점유하고 있으며, 그다음으로 발전 부문이 2억 1,620만 톤으로 39.0%를 차지하고 있다. 제1·2차 계획기간 거래기간(2015.1.1.~2021.8.9.) 동안 장내·외 거래시장에서 거래된 총거래 규모는 1억 9,800만 톤이다.

우리나라의 배출권 거래제는 외형적으로 매우 합리적인 모습을 갖추고 있다. 국가 총배출량의 70% 이상을 차지하는 포괄적인 규제범위는 다른 어느 선진국보다도 우수한 것으로 평가될 수 있다. 일정 규모 이상의 배출시설은 모두 규제를 받고 있으며, 대상 온실가스도 교토의정서가 대상으로 하는 6종의 온실가스를 모두 포함하고 있다. 할당 방식도 유상과 무상을 아우르고 있으며, 다양한 시장 안정화 조치를 포함하고 있다. 이러한 합리적인 설계에도 불구하고 우리나라 탄소시장은 몇 가지 중대한 결함을 가지고 있다.

무엇보다도 도소매 전력시장의 가격통제로 탄소가격이 전력수요와 공급에 적절한 역할을 하지 못하고 있다는 점이다. 전력소매가격이 원가를 충분히 반영하지 못함에 따라 탄소가격에 따른 수요 관리 효과가 충분히 발생하지 못하고 있으며, 배출권 무상할당이 탄소 배출 집약도가 높은 전원에 유리하게 되어 있어 저탄소 발전원이 역차별을 받고 있다. 이와 함께 배출권의 이월을 지나치게 제한함으로써 온실가스를 선제적으로 줄이려는 노력의 유인을 막고 있다. 또한 정부의 시장 안정화 조치가 객관적이고 투명한 절차를 확립하지 못함에 따라 시장의 예측가능성과 신뢰성을 떨어뜨리고 있다. 특히 2020년 국가 목표의 후퇴와 함께 배출권을 추가 공급한 과거의 사례는 배출권이 부족하면 정부가 추가로 배출권을 할당할 것이라는 잘못된 기대마저 불러일으키고 있다.

이러한 탄소시장의 왜곡은 극심한 유동성 부족과 가격 불안정을 초래하였다. 몇 년 전만 해도 세계 최고 수준을 보였던 우리나라의 배출권 가격(평균 2만 3,914원[30])은 2023년 12월 말에는 1만 원에도 못 미칠 정도로 폭락하는 심한 변동성을 보이고 있다. **그림 2**는 주요 탄소시장 가격 추이를 보여주는데, EU ETS 탄소 배출권 가격은 급증하는 반면 우리나라의 탄소시장 가격은 코로나 사태 이후 급락세를 보이는 등 불안정한 장세를 보여주고 있다. 또한 우리나라 시장의 거래회전율은 EU의 1% 수준에 불과한 극심한 유동성 부족에 빠져 있다.

탄소중립을 효율적으로 달성하고 국제 탄소관세 전쟁에 효과적으로 대응하기 위해서 무엇보다 중요하고 시급한 과제는 시장에서 탄소가격이 제대로 작동하도록 하는 '탄소시장의 정상화'이다. 극심한 공급 부족과 구매자의 불안 심리를 완화하기 위해 적정 수준의 여유 배출권이 유지될 수 있도록 해야 하며, 배출권의 이월 제한을 폐지하거나 대폭 완화함으로써 현재와 미래 시장의 단절을 해소해야 한다. 정부의 시장 개입은 명확하고 투명한 규칙에 따라야 하며, 배출권의 할당은 중장기적 예측

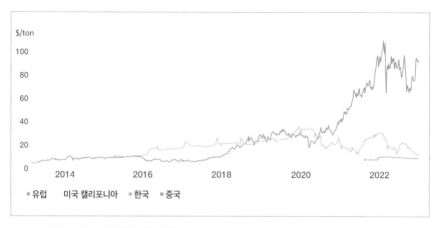

그림 2. 주요 탄소시장 가격 추이(출처: ICAP, Allowance Price Explorer(2023), https://icap-carbonaction.com/en/ets-prices).

가능성과 신뢰성을 바탕으로 충분한 준비기간을 보장하도록 해야 한다. 배출을 많이 했던 기업에게 더 많은 배출권을 보장하는 할당 방식은 조속히 유상할당 방식으로 전환되어야 하며, 그에 따른 재원은 공정한 에너지 전환과 고용 촉진 및 양극화 해소를 위해 활용되어야 한다.

전력 부문은 국가 배출량의 약 40%를 점유하며 배출 감축 잠재력 측면에서도 연료 전환의 다양한 기술적 대안이 적용 가능함에 따라 배출권 수급에 가장 큰 역할을 담당하게 된다. 따라서 현행 전력 도매시장에서의 탄소가격 반영 규칙은 시급히 개선되어야 한다. 현재와 같은 순 구매 비용 반영 방식을 조속히 폐지하고 탄소 배출권 비용 전체에 대한 기회비용이 적절히 반영

될 수 있도록 개정함으로써 저탄소 발전소가 부당하게 불리한 급전 우선순위를 부여받지 않도록 개선하여야 한다.

배출권의 이월은 배출 감축의 동태적 효율성을 높이기 위해 꼭 필요한 장치이다. 배출권의 이월을 제한하게 되면 탄소시장이 한해살이 시장으로 해마다 단절되게 된다. 이는 시장의 수급 여건을 지나치게 빡빡하게 하여 사소한 수급 불균형에도 시장가격이 급등락하는 결과를 초래한다. 우리나라의 탄소시장 가격이 불안정하게 된 근원적 원인이면서, 2030년 감축목표와 2050 탄소중립 정책 수립에도 불구하고 배출권 가격이 정반대 방향으로 움직이는 이유가 이월 제한 규제인 것이다.

이월 제한의 폐지는 그 자체로 바람직한 것임에도 불구하고 이를 위해서는 몇 가지 병행되어야 할 조치들이 있다. 우선 우리나라의 탄소 배출권 시장이 갖고 있는 만성적 공급 부족 현상을 해소할 필요가 있다. 우리나라 탄소시장의 여유 배출권 규모는 다른 시장에 비해 크게 부족할 뿐만 아니라 할당량 규모에 비해 심각하게 부족한 수준이다. EU의 경우 연간 배출권 할당량의 22~46% 수준의 잉여 배출권이 유통 중인 데 반해 우리나라는 4% 수준에 불과한 수준이다. 따라서 배출권 공급 부족을 해소하기 위한 대책이 병행되어야 하는데, 대안으로는 상쇄배출권 공급 확대, 시장 안정화 예비분 활용과 함께 시장 안정화 조치의 강화를 고려할 수 있다. 특히 투명하고 객관적인 기준하에 가격 상한제를 도입한다면 공급 부족 문제와 시장 불안을 동시에 해결할 수 있다. 미국의 사례에서와 같이 정해진 가격 상한으로 무제한의 배출권을 공급한다는 정책이 명확히 정해진다면 공급 부족으로 인한 가격 불안정 문제가 크게 완화될 것이다. 가격 상한으로 공급되는 배출권 수량만큼의 추가 할당은 정부가 해외 감축분 등을 통해 상쇄시킴으로써 국가 감축목표를 달성할 수 있다.

건물 및 수송 부분에 대한 배출권 거래제 확대도 필요하다. 건물 및 수송 부문에 대한 배출권 거래제 적용은 미국 캘리포니아, 독일 등에서는 이미 시행 중이며, EU ETS에서도 확대 적용이 계획되어 있다. 우리나라도 건물 및 수송 부분까지 배출권 거래제를 확대한다면 90% 수준의 배출량을 탄소시장을 통해 관리할 수 있게 됨으로써 국가 감축목표 달성을 담보하는 효과적인 정책 수단을 확보하게 될 것이다. 이와 함께 전력시장에 대한 규제 완화와 전기요금 현실화 또한 탄소시장 정상화에 필수적인 요인이다. 현재와 같이 전기요금이 원가에도 못 미치는 수준으로 억제된다면 탄소가격의 역할은 크게 제약될 수밖에 없을 것이다.

정부는 2023년 9월 온실가스 배출권 거래시장 활성화 방안을 발표하였다. 정부 대책에는 탄소시장의 문제점을 해소하는 다양한 합리적 대안들이 제시되어 있다. 이월한도를 순매도량의 1

배에서 3배로 완화(2024년 10월 5배로 추가 완화)하였으며 상쇄배출권 전환가능기간 규제도 크게 완화(2년 → 5년)하는 등 기존의 규제를 대폭 완화하였다. 시장 안정화 경매물량 조정, 시장조정자 가격변동 완화 인센티브 확대 등 추가적인 시장 안정화 대책과 함께 2024년까지 한국형 시장안정화제도K-MSR 도입 방안 마련 계획도 제시하였다. 이러한 대책들은 배출권 거래제도의 정상화에 큰 기여를 할 수 있을 것으로 기대된다. 그럼에도 불구하고 2024년 중반까지도 배출권 시장의 반응은 크지 않은 상황이다. 이는 아직 정부 정책에 대한 시장의 신뢰가 부족하다는 반증이라 해석된다. 정부의 이월 제한 완화 조치가 언제든 환원될지도 모른다는 불신이 해소되지 않을 경우 이러한 조치의 효과도 반감될 수 있는 것이다. 정부의 정책 불확실성 해소에 대한 더 적극적인 노력과 함께 발전 부문 환경급전 합리화와 같은 보완 대책들이 차질 없이 진행된다면 우리나라의 탄소시장은 전 세계적으로 모범이 되는 우수한 정책이 될 수 있을 것이다. 요컨대, 탄소시장의 개선과 확대 적용을 통한 온실가스 감축목표의 효율적 달성이 탄소중립은 물론 국제적인 탄소관세 전쟁에 대응하는 최선의 전략이 될 것으로 판단된다.

4 탄소중립을 위한 대전환

김종남 한국에너지기술연구원 18대 원장

    산업혁명 이후 인류는 화석연료의 사용을 확대하면서 문명의 발전을 이룩하였다. 하지만 화석연료 사용으로 인해 배출된 온실가스로 대기 중 이산화탄소 농도는 산업혁명 이전 280ppm에서 2023년 421ppm으로 증가하였고 지구 평균온도는 1.45($\pm$0.12)℃ 상승하였다. 그 결과 대형 태풍과 홍수, 가뭄, 폭염, 대형 산불 등의 자연재해가 더 크고 자주 발생하고 있다. 그리고 극지방과 고산지대의 빙하가 점점 더 많이 녹아서 해수면의 상승 속도가 높아지고 있어서 해안 지역의 침수로 큰 피해가 예상되고 있다.

    기후변화에 관한 정부간 협의체IPCC는 2018년 특별보고서에서 기후변화를 막기 위해 2100년까지 지구 평균기온 상승을 산업화 이전 대비 1.5℃ 이내로 억제해야 한다고 권고했다. 이를 위하여 전 지구 차원에서 2030년 이산화탄소 배출을 2010년 대비 45% 이상 감축하고 2050년까지 탄소중립, 즉 인간 활동으로 발생된 온실가스를 최대한 줄이고 남은 온실가스를 흡수 또는 제거하여 대기 중으로 순배출이 0이 되는 '넷제로'를 이루어야 한다고 제안하였다. 이는 지난 200년 동안 구축된 화석연료 문명을 향후 30년 내에 무탄소 에너지 문명으로 전환해야 하는 매우 도전적인 일이다.

탄소중립을 위한 방안

국제에너지기구IEA의 〈넷제로 로드맵 2023〉에서는 탄소중립을 위해 2050년 최종에너지 중 전기 비율을 19.8%(2021년 기준)에서 53.4%(재생전기 비중 89%)로 높이고, 바이오에너지 13.7%, 수소 기반 에너지 7.6%, 기타 재생에너지 4.7%, 석유 12%, 천연가스 4.4% 등을 사용할 것을 제안하였다. 우리나라의 2050 탄소중립 시나리오 B안에서는 최종에너지 구성이 전기 45.1%(2021년 20.8%), 수소 22%, 재생에너지 16.9%, 석유 11.8% 등으로 제안되었다(그림 1). 이는 전기 수요가 2021년 577TWh(테라와트시)에서 2050년 1,209TWh로 두 배 이상 증가하는 것을 고려한 수치이다.

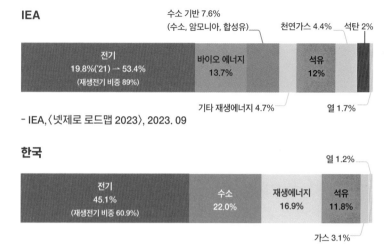

IEA

전기 19.8%('21) → 53.4% (재생전기 비중 89%)	바이오 에너지 13.7%	석유 12%

수소 기반 7.6% (수소, 암모니아, 합성유) 천연가스 4.4% 석탄 2%

기타 재생에너지 4.7% 열 1.7%

- IEA,〈넷제로 로드맵 2023〉, 2023. 09

한국

열 1.2%

전기 45.1% (재생전기 비중 60.9%)	수소 22.0%	재생에너지 16.9%	석유 11.8%

가스 3.1%

- 탄소중립 녹색성장 위원회,〈2050 탄소중립 시나리오〉, 2021. 10 (B안 기준)

그림 1. 2050 탄소중립을 위한 최종에너지 구성(출처: 한국에너지기술연구원).

　그림 2는 탄소중립 방안을 도식화한 것이다. 현재 최종에너지에서 전기는 재생에너지 발전과 원자력 발전 또는 화력 발전에서 이산화탄소를 포집하여 저장함으로써 이산화탄소가 배출되지 않게 생산할 수 있지만 열과 원료는 대부분 화석연료로만 생산이 가능하다. 따라서 탄소중립을 위해서는 이러한 무탄소 전기를 많이 생산해야 하고 산업, 수송, 건물 부문에서 쓰이는 열에너지를 무탄소 전기로 대체하는 전기화가 필요하다. 전기화가 어려운 분야는 탄소중립 원료이자 연료인 수소, 암모니아, 바이오매스, 이퓨얼E-fuel 등을 활용하고 무탄소화가 어려운 석유화학·정유, 시멘트, 철강 등과 2050년에도 가동될 것으로 보이

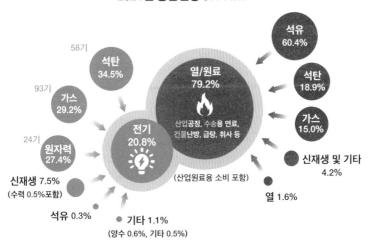

2021년 총발전량 577Twh

58기

석탄
34.5%

93기

가스
29.2%

24기

원자력
27.4%

신재생 7.5%
(수력 0.5%포함)

석유 0.3%

기타 1.1%
(양수 0.6%, 기타 0.5%)

전기
20.8%

열/원료
79.2%

산업공정, 수송용 연료,
건물난방, 급탕, 취사 등

(산업원료용 소비 포함)

석유
60.4%

석탄
18.9%

가스
15.0%

신재생 및 기타
4.2%

열 1.6%

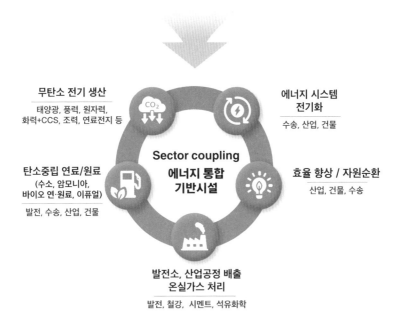

무탄소 전기 생산

태양광, 풍력, 원자력,
화력+CCS, 조력, 연료전지 등

**에너지 시스템
전기화**

수송, 산업, 건물

탄소중립 연료/원료
(수소, 암모니아,
바이오 연·원료, 이퓨얼)

발전, 수송, 산업, 건물

**Sector coupling
에너지 통합
기반시설**

효율 향상 / 자원순환

산업, 건물, 수송

**발전소, 산업공정 배출
온실가스 처리**

발전, 철강, 시멘트, 석유화학

그림 2. 국내 최종에너지 소비 형태와 탄소중립을 위한 대전환(출처: 한국에너지기술연구원).

는 LNG 발전에서 배출되는 온실가스는 포집해서 처리해야 한다. 또한 태양광이나 풍력으로 생산하는 무탄소 재생전기는 간헐성이 있어서 현재의 전력망으로는 많이 받아들이기 어렵기 때문에 새로운 에너지 통합 기반시설이 구축되어야 한다. 그리고 무엇보다 중요한 것은 에너지를 가능한 한 효율적으로 사용하고 폐자원을 순환하여 에너지 수요를 줄이는 것이다. 구체적인 방안 하나하나에 관해서는 아래에서 더 자세히 다루겠다.

무탄소 전기 생산

전 세계에서 화석연료 발전을 탈피하여 무탄소 전기를 생산하는 에너지 전환이 활발히 이루어지고 있다. 무탄소 전기는 태양광, 풍력, 수력, 원자력, 수소 발전 또는 화력 발전에 온실가스 포집 및 저장 설비를 붙이면 생산된다. 유럽연합EU은 러시아산 에너지 의존도를 낮추기 위한 'REPowerEU' 정책에서 2030년까지 태양광, 풍력, 바이오, 수력 등 재생전기의 비중을 69%로 잡았다. 독일의 재생전기 비중 목표는 2030년 80%, 2035년 100%이다. 영국은 재생에너지 발전과 원자력을 포함한 저탄소 발전이 전체 전기 생산에서 차지하는 비중을 2030년 95%, 2035년 100%를 목표로 하고 있다. 미국은 무탄소 전력 비중을

2030년 80%, 2035년 100% 달성하려고 한다. 일본의 2030년 재생전기 비중 목표는 36~38%로 재생에너지의 용량을 3배로 늘리는 데 합의하였다[31]. 이에 따라 많은 나라들에서 재생 발전 설비가 크게 늘어나고 있다. 2022년에 독일은 전체 발전량의 45.3%, 영국은 43.3%, 스페인은 43.1%, 이탈리아는 36.7%, 중국은 31%, 일본은 23.4%, 미국은 22.5%를 재생에너지로 생산하였다. 한국의 전체 발전량 중 재생 발전 비율은 아직 7.7%(2022년) 수준이나 에너지 전환 정책에 따라 2030년까지 21.6%로 확대할 계획이다. 석탄 발전은 현재 58기가 가동 중인데 2036년까지 28기를 폐지하고 2050년 이전에 모두 퇴출될 예정이다.

우리나라 무탄소 전기 생산의 핵심은 태양광, 풍력, 원자력이고 새로운 기술로는 수소$_{H_2}$ 및 암모니아$_{NH_3}$ 발전이 있다. 원자력 발전소는 26기가 가동 중이고 4기가 건설 중에 있다. 2023년에 원자력 발전으로 185TWh의 전기를 생산하여 전체 발전량의 30.7%를 담당하였다. 전기가 지금보다 2배 이상 필요한 2050년에 원전으로 생산하는 발전량의 30%를 유지하려면 현재보다 2배 이상의 원자력 발전소를 건설해야 하고 기존 원전 중 18기의 수명을 연장해야 한다. 원전의 가장 큰 도전 과제는 주민 수용성을 높여 신규 건설이 가능하도록 하는 것과 아직도 없는 고준위 방사성 폐기물 저장소를 확보하는 것이다. 대형 발전소에서 전기를 생산하여 소비처로 보내기 위한 고압 송전탑은 주민 수용성이 낮아서 새로이 설치가 어려우므로 분산 발전용으로 300MW 이하의 소형모듈원자로Small Modular Reactor(SMR)가 개발되고 있다. 단순 계산을 해보면 2050년에 필요한 전기의 10%를 SMR로 공급하기 위해서는 300MW급 SMR이 58기가 필요하다.

우리나라의 태양광 이용률[32]은 15%로 사우디아라비아의 23%보다 낮지만 11%인 독일, 14%인 일본보다 높다. 이용률이 낮은 독일과 일본의 태양광 발전 비율이 각각 10.7%, 9.9%인데 우리는 2022년 기준 4.5%이다[33]. 한국은 산지가 63.4%라서 태양광 발전 설치 면적이 충분치 않으므로 태양광 모듈 효율을 높이고, 다양한 장소에 설치 가능한 박막 태양전지를 개발하여야 한다. 현재 시장 점유율이 높은 실리콘 태양광 모듈의 효율은 20~22% 정도이고 이론 최대 효율이 29.4%이기 때문에 효율을 높이는 데 한계가 있다. 실리콘 태양전지에 페로브스카이트Perovskite 태양전지를 접목하여 효율을 34% 이상으로 높인 탠덤Tandem 태양전지가 2030년 이후에 개발될 것이다. 그리고 기존 태양전지의 응용성 및 심미성의 한계를 극복하고 건물은 물론 차량과 이동 전원에 적용이 가능한 가볍고 유연하면서 30% 이상의 효율을 낼수 있는 박막 태양전지 기술도 개발되고 있다. 이러한 고효율 태양전지를 국토 면적의 2%와 건물의 50%에 설치하면 400GW 용량이 설치 가능하고 연간 500TWh의 전기가 생산되어 2050년 필요량의 40% 이상 전력 생산이 가능할 것이다.

구분		발전량	설비용량	설비효율	평균이용율	면적	비고
		(TWh/년)	(GW)	(%)	(%)	(km²)	
건물	옥상	112.7	85.2	34	15.38		잠재량 70% 활용
	BIPV*	33.8	35.8	34	10.77		잠재량 70% 활용
수상		35.6	25.2	34	16.15	74	저수지 10%, 담수호 20%
토지	일반형	340.8	253.8	34	15.38	1,751	국토의 1.7%
합계		523	400				

*BIPV=건물일체형 태양광발전시스템(Building-Integrated Photovoltaic).

표 1. 우리나라의 태양광 잠재량(태양광 효율 34% 기준, 출처: 한국에너지기술연구원).

풍력 발전량은 풍속의 세제곱에 비례한다. 우리나라는 해발 700m 이상의 산등성이에서 8m/s, 서해 부근에서 7m/s, 제주도 남서쪽에서 8m/s 이상의 바람이 불어서[34] 유럽 북해의 10~11m/s보다는 낮지만 어느 정도의 풍력 자원이 있다. 풍력 발전은 발전단가를 낮추기 위하여 초대형, 장수명 발전기가 개발되고 있고 한국은 8MW급이, 외국은 15MW급 발전기가 상용화되어 있다. 국내 기업들은 독일, 중국 등의 기업과 협업하여 2030년까지 20MW급 발전기를 개발하려고 한다. 우리나라는 바람이 좋은 평지가 적고 주민 수용성이 낮아서 해상풍력을 많이 설치할 수밖에 없다. 육상과 해상을 합친 풍력 발전 최대 시장 잠재량은 연간 248TWh로 예측되며 이는 2050년 전기 수요의 20%에 해당한다.

구분	용량	이용율	발전량	설비 밀도
육상풍력 (6MW)	15.7GW	23% → 26%	41.8TWh	4MW/km^2
해상풍력 (20MW)	42GW (고정식)	30% → 38%	140TWh	6MW/km^2 (연계거리 50km 수심 60m 대상지의 40%)
	20GW (부유식)		66.6TWh	6MW/km^2
합계	77.7GW	2020 → 2050	248.4TWh	

표 2. 우리나라의 풍력 잠재량(출처: 한국에너지기술연구원).

이 같은 재생에너지 발전을 지역 주민 참여형으로 확대하면 주민들의 소득을 높일 수 있고 우리나라의 급속한 인구 감소와 지방 소멸 문제를 해소할 수 있을 것이다. 재생 발전량이 많은 지역에 RE100[35] 참여 기업들의 공장을 짓도록 유도하면 탄소중립과 지역균형발전이 동시에 이루어질 것이다.

마지막으로 해외의 햇볕과 바람이 좋은 지역에서 저렴하게 생산된 전기로 생산한 그린 수소나 그린 암모니아 또는 해외의 천연가스에서 생산된 블루 수소나 블루 암모니아를 국내로 수입하여 발전하는 설비도 도입될 것이다. 우리나라는 2030년에 발전의 2.1%를 수소·암모니아 발전으로 할 계획이다. 또한 석탄에 암모니아를 20% 섞는 혼소발전에 필요한 연간 300만 톤의 암모니아가 도입될 예정이다.

에너지 시스템의 전기화

무탄소 전력 생산이 증가하면 수송, 산업, 건물 부분을 전기화하여야 한다. IEA는 현재 1%인 수송 부문(육상, 해상, 항공)의 전기화율을 2050년까지 51%로 높여야 한다고 제안하였다. 이 일환으로 20여 개 나라에서 2035년 이후부터 신규 내연기관차 판매를 금지하는 정책을 수립하였다. 전기차는 2022년에 약 1,000만 대가 판매되었고 2030년에는 4,000만 대를 예상하고 있다. 블룸버그 뉴 에너지 파이낸스Bloomberg New Energy Finance(BNEF)는 2040년 글로벌 자동차 판매의 54%가 전기차일 것으로 전망하였다. 우리나라도 2030년까지 전기 및 수소차를 450만 대 보급하는 계획을 세웠다. 전기차 생산 원가의 40%가 배터리인데, 2030년을 목표로 에너지밀도를 500Wh/kg으로 높이고 가격을 $90/kWh 이하로 하면서 5분 내에 급속 충전이 가능하고 안전성이 높은 배터리 개발이 진행되고 있다. 대형 트럭, 선박 등에 적용될 저비용 고효율 연료전지도 개발되고 있다.

산업 분야에는 전기보일러, 전기가열 시스템, 전기구동 히트펌프, 전기화학 공정 등이 도입되어야 한다. IEA는 현재 약 23%인 산업 분야 전기화율을 2050년까지 49% 정도로 높일 것과 약 35%인 건물 분야 전기화율을 70% 정도로 높이는 것을 제안하였다. 독일은 2024년부터, 네덜란드는 2026년부터 화석연료 난방설비 판매 금지 정책을 수립하였고, 미국의 뉴욕, 로스앤젤레스 등의 도시에서는 신축 주택에 가스레인지 설치 금지 조례가 통과되었다. 많은 나라들이 냉·난방 및 급탕에 전기구동 히트펌프 설치 시 보조금을 지급하는 정책을 시행하고 있다. BNEF는 히트펌프 수요가 2030년 1.87억 대인데 2050년에는 13.7억 대로 확대될 것으로 전망하였다. 그리고 재생전기 생산이 증가함에 따라 직류를 직접 활용하는 직류 공장, 직류 빌딩도 도입될 것이다.

탄소중립 연료/원료—수소, 암모니아, 바이오 연·원료, 이퓨얼

전기화가 어려운 대형 트럭, 항공, 선박, 산업 분야 가열공정 등에는 수소, 암모니아, 바이오 연료, 이퓨얼 같은 탄소중립 연료를 사용할 수 있다. 재생전기를 활용하여 수소와 이산화탄소를 반응시켜 생산한 합성가스나 e-메탄올 등은 석유화학 원료로 그리고 e-메탄은 도시가스로 활용이 기대된다. 생산 시 온실가스 발생이 적은 청정수소는 수송용, 수소환원제철, 암모니아 생산, 이퓨얼 생산, 수소화 공정 원료, 가열공정 등에 활용될 것이다.

IEA와 국제재생에너지기구IRENA는 탄소중립을 위하여 수소가 세계 에너지의 10~12%를 담당해야 한다고 제안하였다. IEA

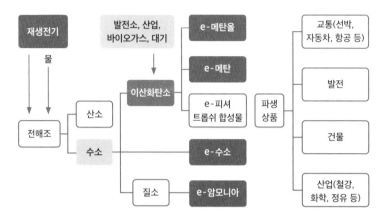

그림 3. 재생전기 저장제인 이퓨얼(출처: *Int J Hydrogen Energy*, 48, 75, 29011-29033(2023)).

에서는 전 세계가 화석연료 기반 에너지 무역 대신 재생에너지 무역의 시대를 준비해야 하며, 재생전기의 캐리어Carrier로 수소 또는 암모니아를 지목하고 있다. 햇볕과 바람이 풍부한 지역인 중동, 호주, 칠레, 몽골, 아프리카 북부 등에서 생산된 재생전기를 이용하여 수전해 설비로 그린 수소를 생산하거나 천연가스 또는 석탄이 풍부한 곳에서 블루 수소[36]를 생산해서 이들을 액체수소, 암모니아, 액상유기수소운반체Liquid Organic Hydrogen Carriers(LOHC), 이퓨얼 형태로 이송하여 활용하는 기술이 개발되고 있다. 문제는 2050년 세계 수소 예상 필요량인 연간 4~8억 톤이라는 엄청난 양을 생산하는 것에는 현실적으로 많은 난관이 있다는 것이다. 우리나라의 2050년 탄소중립 시나리오 A안에서는 2,740만 톤의 수소가 필요하고 이 중 20%인 550만 톤을 국내에서 생산하는 것으로 계획했다. 현재 1kg 그린 수소 생산에 50~55kWh의 전기가 사용된다. 기술 개발로 43kWh까지 떨어진다고 했을 때에 550만 톤의 수소를 생산하기 위하여 235TWh의 전기가 필요하다. 이것은 2022년 25기의 원전에서 생산한 전기 176TWh가 모두 수전해에 사용되어도 부족하다. 세계적으로는 IEA의 탄소중립 보고서에서 2050년 3억 2,240만 톤의 그린 수소가 필요하다고 하였는데 이를 위해서는 현재 세계 전력량의 57%가 필요하다. 이와 같이 그린 수소를 대량으로 생산하기 위해서는 태양광과 풍력 발전에 막대한 투자가 수반되어야 한다. 포스코와 현대제철의 수소환원제철에는 500만 톤 이상의 저렴한 수소가 필요한데 이 양은 국내에서 수급이 불가능할 것이고 해외 도입도 가격 측면에서 쉽지 않을 것으로 보인다.

물을 전기분해하여 그린 수소를 생산하는 기술로 알칼라인 수전해, 양성자교환막Proton-Exchange Membrane(PEM) 수전해, 음이온교환막Anion-Exchange Membrane(AEM) 수전해, 고체산화물 수전해 전지Solid Oxide Electrolysis Cell(SOEC) 기술들이 개발되고 있다. 현재 그린 수소 생산에 $5~7/kg이 드는데, 미국은 향후 10년 내에 생산단가를 $1/kg으로 하는 목표를 수립하였다. 현재 그린 수소 생산단가의 55% 이상이 전기 가격이므로 이를 위해서는 재생전기의 가격이 낮아져야 하고 장치비 80% 절감과 운

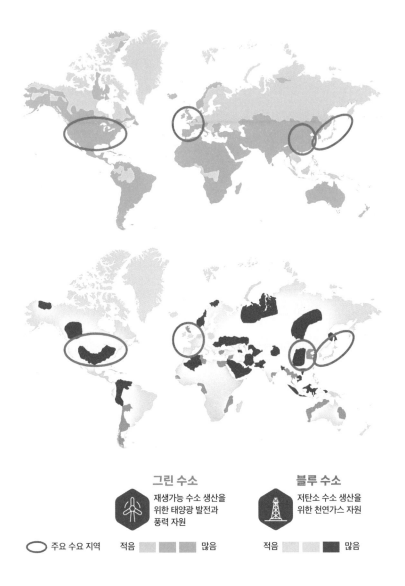

그린 수소

재생가능 수소 생산을
위한 태양광 발전과
풍력 자원

블루 수소

저탄소 수소 생산을
위한 천연가스 자원

주요 수요 지역 　　적음 ▨▨▨ 많음　　적음 ▨▨▨ 많음

그림 4. 글로벌 청정수소 자원 및 수요 분포도(출처: Hydrogen Council, McKinsey & Com-
pany , *Hydrogen Insights 2021 report*).

전유지비 90% 절감이 이루어져야 한다. 노르웨이의 넬Nel 사는 2GW 공장에서 수전해 설비를 대량 생산하고 전기 가격이 $0.02/kWh이면 $1.5/kg의 그린 수소 생산이 가능하다고 제시하였다. 블루 수소의 경우 국내 S사는 호주에서 LNG를 수입하여 수소를 생산하고 포집된 이산화탄소는 호주의 폐가스전으로 이송하여 저장하는 사업을 준비하고 있다. 그래서 2027년부터 연간 25만 톤의 블루 수소를 생산할 계획이다. 또한 해외 청정수소를 공기 중의 질소와 반응시켜 암모니아로 저장하여 국내로 도입하는 데에 많은 기업들이 사업 기회를 찾고 있다.

국제해사기구International Maritime Organization(IMO)는 국제 항해 선박의 온실가스 배출량을 2050년에 제로로 하는 규제를 제정하였다. 이에 대응하기 위하여 국내 조선 3사에서는 암모니아 추진 선박과 e-메탄올 추진 선박을 건조 중이다. 일본에서는 기존 천연가스 나프타 크래커를 대체할 암모니아 버너를 개발하고 있다. 현재 암모니아 합성은 고온(400℃), 고압(200bar)의 하버-보슈 공정이 사용되는데 촉매화학적 저온·저압 암모니아 합성 기술과 전기화학적 암모니아 합성기술이 개발되고 있다.

수송용 바이오 연료에는 바이오 항공유, 경유, 중유가 있고 석유화학용 바이오 원료는 바이오 납사, 에탄올 등이 있는데 대량의 원료 확보가 쉽지 않다. 항공 및 해운 분야는 도로 운송에 비해 탈탄소화가 어려운 분야로서 비식용유, 목질계 원료로부터 바이오 항공유 및 중유를 생산하는 기술이 유망해 보인다. 또 유기성 폐기물을 혐기발효[37]하여 생산되는 바이오가스는 탄소중립 연료인데, 이를 정제하면 고순도의 바이오 메탄이 생산되어 압축 천연가스Compressed Natrual Gas(CNG) 차량의 원료나 도시가스로 쓸 수 있다. 유럽은 탄소중립을 달성하고 러시아의 천연가스 의존도에서 벗어나기 위하여 2050년 가스 수요의 35~62%를 바이오 메탄으로 대체하려고 한다. 우리나라도 2022년에 유기성 폐자원을 활용한 바이오가스의 생산 및 이용 촉진법을 제정하였다.

발전 및 산업공정 배출 온실가스 처리

2050년이 되어도 가동이 예상되는 LNG 발전과 전기화가 진행되더라도 철강, 시멘트, 석유화학 산업에서 공정 특성상 상당한 양의 이산화탄소가 배출될 것으로 전망된다. 탄소중립을 실현하기 위해서는 배출되는 이산화탄소를 포집하여 지중에 저장하거나 다른 물질로 전환하여야 한다. 우리나라는 2050 탄소중립 시나리오에서 연간 5,500~8,500만 톤의 이산화탄소를 포집하여 처리하는 것으로 제안했다. IEA의 탄소중립 시나리오에서도 2050년에 연간 62억 톤의 이산화탄소를 포집하여 이 중

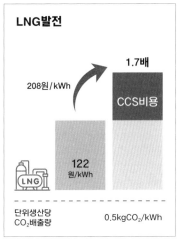

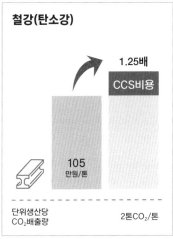

그림 5. CCS 도입에 따른 발전 및 산업 비용 변화(환율 $1=1,200원 기준, 출처: 탄소중립 녹색 성장 위원회).

95%는 지중에 저장CCS하고 5%는 다른 물질로 전환CCU하는 방 안을 제시하였다. 해외에서는 수백 MW 규모의 석탄화력발전

인센티브			
$85/톤CO₂ **CCS** (탄소 포집 및 저장)	$60/톤CO₂ **CCU** (탄소 포집 및 활용) 석유회수증진 (EOR) 포함	$180/톤CO₂ **DACCS** (직접대기탄소 포집저장)	$130/톤CO₂ **DACCU** (직접대기탄소 포집활용)

표 3. 미국의 발전 및 산업 부문 CCUS 보조금(출처: 한국에너지기술연구원).

소 배가스에서 이산화탄소를 포집하여 저장하는 실증 플랜트들이 가동되고 있다. 현재의 이산화탄소 포집 및 저장CCS 비용은 $110/tCO_2$[38] 수준으로 아직 가격이 높다. 이를 국내 석탄화력 발전에 적용하면 발전단가가 2.3배, 시멘트 생산에 적용하면 원가가 2.1배 증가한다. 따라서 혁신적인 CCS 기술의 개발이 요구된다. 미국은 이산화탄소를 포집·활용·저장CCUS하는 산업을 육성하기 위하여 인플레이션 감축법IRA에서 보조금을 지원하는 정책을 시행하고 있다.

그리고 이산화탄소를 묻을 장소가 국내에는 아직 확보되지 않아서 바다 밑 지중에 10억 톤 규모의 이산화탄소 저장소를 찾는 연구가 진행되고 있다. 국내 저장소가 충분치 못하면 해외의 폐가스전, 폐유전에 저장소를 확보하는 방안도 검토되고 있다. 이산화탄소를 유용한 물질로 전환하기 위해서는 청정수소와 무탄소 에너지가 필요하고 활용 가능한 제품의 시장 규모나 가격 경쟁력 측면에서 혁신적인 기술이 개발되어야 한다. 만약 이산화탄소와 물을 전기화학적으로 반응시켜 유용한 물질을 생산하는 기술이 개발되면 큰 도움이 될 것이다.

에너지 통합 기반시설

태양광, 풍력과 같은 재생에너지의 문제점은 간헐성, 변동성이 있어서 많이 받아들이면 전기 품질이 떨어지고 기존 전력망으로는 감당이 어려워진다는 점이다. 2022년에 태양광 발전 비중이 4.5%였는데도 2022년 4월 9일 낮 12~1시 사이의 태양광 발전량이 전체 전력 수요의 39.2%를 담당하였다. 재생전기의 비중이 20%를 넘을 2020년대 후반부터는 버려지는 재생전기가 많이 증가하므로 전력망이 확충되어야 하고 전력저장설비가 많이 도입되어야 한다. 앞으로 단계적으로 재생에너지 수용 한계 증대, 계통 신뢰성 강화 및 자율 운전 전력망 등에 대한 핵심 기술을 미리 개발하고 보급하여야 할 것이다. 재생 자원의 공급량 증대에 대응하기 위한 수요와 공급 최적화, 그리드 스케일 전력 저장, P2X[39], AI 기반 수요자원 최적관리, 분산자원 네트워크 운영, 전기차를 활용한 그리드 운영Vehicle-to-Grid(V2G) 등의 기술 개발이 요구된다. 앞으로는 대형 발전소를 활용한 집중형 통합 전력망이 소규모 자급자족 기반 분산형 전력망으로 바뀌어야 한

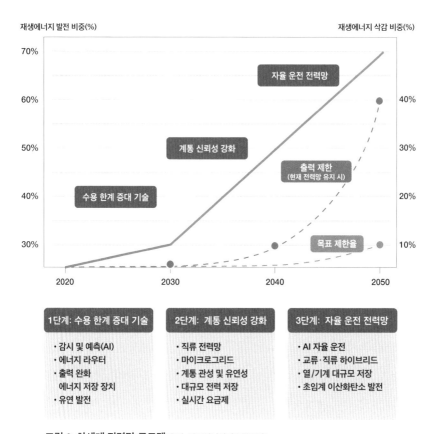

재생에너지 발전 비중(%)

재생에너지 삭감 비중(%)

자율 운전 전력망

계통 신뢰성 강화

출력 제한
(현재 전력망 유지 시)

수용 한계 증대 기술

목표 제한율

1단계: 수용 한계 증대 기술	2단계: 계통 신뢰성 강화	3단계: 자율 운전 전력망
· 감시 및 예측(AI) · 에너지 라우터 · 출력 완화 에너지 저장 장치 · 유연 발전	· 직류 전력망 · 마이크로그리드 · 계통 관성 및 유연성 · 대규모 전력 저장 · 실시간 요금제	· AI 자율 운전 · 교류·직류 하이브리드 · 열/기계 대규모 저장 · 초임계 이산화탄소 발전

그림 6. **차세대 전력망 로드맵**(출처: 한국에너지기술연구원).

다. 정부도 '분산에너지활성화특별법'을 제정하여 에너지가 생산된 지역에서 소비를 유도하는 지역전기요금제를 2024년 6월부터 시행하고 있다. 또한 재생전기를 버리지 않고 활용하기 위해서는 재생전기 발전 예보 기술이 정교하게 개발되어야 한다.

잉여전력 저장을 위하여 각국에서 활발한 연구를 펼치고 있

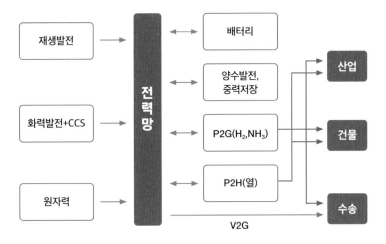

P2G=전력을 가스로 저장(수소, 암모니아).
P2H = 전력을 열에너지 형태로 저장 혹은 활용.
V2G=전기자동차의 배터리 전력을 전력망으로 재송선.

그림 7. 잉여전력 저장(출처: 한국에너지기술연구원).

다. 미국은 10시간 이상 전기를 공급할 수 있는 그리드 규모 전력저장시스템의 가격을 향후 10년 내에 90% 이상으로 줄이는 장기 에너지 저장Long-Duration Energy Storage(LDES) 프로그램을 2021년부터 시작하였다. 장기 전력 저장에는 기계적·열적·전기화학적 방법이 개발되고 있다. 배터리 저장에는 리튬 인산철LFP, 플로우 배터리 등으로 저장 설비 가격을 낮추고 저장 용량과 안전성을 높이려는 연구가 진행되고 있다. 실제로 LFP 배터리를 활용한 전력저장시스템 시장이 최근 급속히 커지고 있다. 잉여전기를 열로 저장하였다가 증기를 발생시켜 기존 화력발전소의 터빈으로 전기를 생산하는 열에너지 저장Thermal Energy Storage(TES) 설비 개발은 미국, 독일에서 진행되고 있다. 미국에서는 또한 잉여전기를 1,000℃ 이상의 열로 전환하여 저장하였다가 고온이 필요한 산업에 활용하는 열 배터리 연구가 진행 중이다. 중국에서는 양수 발전 원리와 같이 대형 건물에서 수많은 무거운 블록을 올렸다가 내리면서 전기를 생산하는 중력에너지저장 시스템Gravity Energy Storage System(GESS)도 100MWh 규모로 실증 연구가 진행되고 있다. 이탈리아에서는 잉여전기로 이산화탄소를 액화하여 저장하였다가 기화시켜 터빈을 돌리는 200MWh 규모의 이산화탄소 배터리 연구가 진행되고 있다. 잉여 재생전기를 수소로 전환하여 활용하는 기술도 활발히 개발되고 있다. 천연가스를 유통하는 도시가스망에 수소를 일부 섞어서 활용하는 연구도 국내외에서 진행되고 있다.

효율 향상과 자원순환

탄소중립을 위해서는 에너지를 효율적으로 사용하고 폐자원을 순환시켜 에너지 수요를 줄이는 노력이 선행되어야 한다. IEA의 에너지 기술 전망에 따르면, 2050년까지 지구 기온 상승을 1.5℃ 이내로 억제하는 데 에너지 효율 향상의 기여도를 37%

로 가장 높게 평가하고 있다. 2023년 개최된 COP28에서는 2030년까지 에너지 효율 개선율을 2배로 높이는 데 합의하였다. 한국은 최종에너지의 61.7%가 산업 부문 그리고 21.3%가 건물 부문(가정, 상업, 공공)에서 소비되고 있다. 이들 부문에서 사용되고 있는 수많은 에너지 설비 및 기기들의 효율을 향상시켜 에너지 수요를 줄이는 것은 가장 실현가능성이 높고 비용 대비 효과적인 탄소중립 기술이다. 산업공정 및 산업용 기기의 효율 향상, 탄소중립 건물, 미활용 에너지 활용 확대, 친환경 고효율 냉난방, 고효율 조명, 저전력 반도체 등과 같은 기술들이 보급되어야 한다. 아울러 향후의 에너지 효율 향상은 D.N.A.Data, Network, AI 기술과 융합한 공장에너지관리시스템Factory Energy Management System(FEMS)과 건물에너지관리시스템Building Energy Management System(BEMS)이 적용되어야 한다. 우리나라에는 약 720만 동의 건물이 있는데 20년 이상된 노후 건물이 50%가 넘는다. 노후 건물의 에너지 절감을 위한 시장이 크게 형성되어야 한다, 효율 향상 기술이 적극적으로 적용되기 위해서는 에너지 가격을 높이거나 세액 공제, 교체 예산 지원 같은 정책이 수반되어야 한다. 폐배터리를 재활용하거나 부품을 회수하는 기술이 개발되고 있고, 폐태양광 패널의 95%를 유용자원으로 회수하는 기술이 개발되어 공장이 가동되고 있다. 또 폐플라스틱을 회수하고 처리하여 원료로 사용하거나 수소를 생산하는 기술도 활발히 개발되고 있다. 앞으로는 탄소중립을 위하여 우리가 사용한 모든 제품을 재활용하는 시대가 열릴 것이다.

탄소중립에서 우리나라의 상황

우리나라의 온실가스 배출량은 2018년을 기준으로 7.3억 tCO_2이며, 이 중 87%인 6.3억 tCO_2이 에너지 사용으로 배출되었다. 에너지 분야의 온실가스 배출은 전환(전기·열)이 37%, 산업(철강, 정유·석유화학, 시멘트 등)이 35.8%, 수송 13.5%, 건물 7.2%, 농축수산 3.4%, 폐기물 2.3%, 탈루[40] 0.8%이다. 2022년에 사용한 에너지의 82.2%가 화석연료이고 이 화석연료의 94.4%를 해외에서 수입하여 에너지 안보가 매우 취약하다. 이런 상황 속에서 우리나라도 2021년 10월에 2050 탄소중립을 선언하였다.

탄소중립은 매우 힘들고 어려운 길이다. 하지만 지속가능한 인류의 미래를 위해서는 피할 수 없는 길이다. 탄소중립으로 국내 무탄소 에너지 생산량이 증가하면 94.4%의 에너지 수입 의존도가 획기적으로 낮아져서 에너지 안보가 높아지고 무역수지 개선이 가능하다. 또한 지방의 소멸 위기 지역이 재생에너지 생산으로 소득이 높아지고 이를 활용하는 공장들이 들어서면 지역균형발전도 가능할 것이다. 세계적으로 무탄소 에너지로의 전환에 투자하는 자금이 급속히 증가하여 2023년에는 전통 화석에너지 투자액을 훨씬 넘어서는 $1.77조에 도달하였다. 이에 우리나라도 시대 흐름에 발맞춰 탄소중립 혁신기술 개발로 경제를 활성화시킬 뿐 아니라 향후 30년 동안 정치·경제·사회의 핵심이 될 기후위기에 잘 대처할 수 있기를 기대해본다.

5 기후변화 대응과 탄소중립 달성을 위한 핵심 요소

정태용 연세대학교 국제학대학원 교수

    기후변화와 저탄소 에너지 전환, 탄소중립의 문제는 더 이상 미래에 다가올 문제가 아니다. 이미 현재 우리가 당면한 문제가 되어버렸다. 특히 기후변화가 생태계와 인간사회에 미치는 영향은 이미 전 세계가 당면한 매우 심각한 문제 중 하나가 되었다. 파키스탄은 2022년 홍수로 인하여 국토 면적의 3분의 1이 잠겼고, 많은 사상자와 3,000만 명 이상의 이재민이 발생하였다. 2023년 3월에는 캐나다 동부에서 발생한 산불로 인한 분진 때문에 미국 뉴욕과 워싱턴 D.C.는 일상이 멈추게 되었다. 기후변화와 기상이변이 인간 활동에 얼마나 크게 영향을 줄 수 있는지 보여주는 좋은 사례이다. 이러한 기후변화에 인간이 대응하는 데는 두 가지 접근 방법이 있다. 하나는 인간의 활동 때문에 발생하는 탄소 배출 자체를 줄여서Mitigation(완화) 2050년까지 탄소중립을 달성하여 대기 중의 온실가스 농도를 안정화하는 방법이다. 또 다른 접근 방법은 기후변화에 따른 영향과 피해를 줄이고 적응Adaptation하는 방법을 찾는 것이다.

본 장에서는 온실가스 배출의 최근 추이와 이를 바탕으로 다양한 미래 온실가스 배출 전망 그리고 전 지구적인 온도 상승 제한 목표인 1.5℃ 또는 2℃ 이내로 평균온도 상승을 억제할 수 있는지를 다양한 시나리오를 통해 알아본다. 탄소 배출을 줄이고 새로운 에너지 시스템을 구축하기 위해서는 21세기 새로운 트렌드를 이해하고 이에 상응하는 제도와 시스템을 구축하는 것이 중요하다. 따라서 아래에서는 현재 온실가스 배출 관련 경향을 열거하고, 부문별로 탄소 감축을 위한 핵심 요소들을 정리하였다.

온실가스 배출의 최근 추이와 전망

1980년대 말부터 유엔환경계획United Nations Environment Programme(UNEP)과 세계기상기구World Meteorological Organization(WMO)는 기후변화 문제의 심각성을 인식하고 과학적 방법에 기반하여 기

후변화의 다양한 문제를 다루는 정부간 협의체인 '기후변화에 관한 정부간 협의체IPCC'란 조직을 구성하였다. IPCC는 종합적인 보고서를 6~7년을 주기로 여섯 차례에 걸쳐 발간했는데, 이때 전 세계 각 분야의 과학자들이 선정된다. 이들은 기후변화 문제에 관한 균형 잡힌 과학적 연구 결과물들을 종합적으로 정리한다. 이러한 결과는 방대한 종합보고서로 작성되거나 필요한 분야의 특별보고서로 작성되고, 정책당국자를 위한 요약서로 발간된다. IPCC의 보고서들은 유엔기후변화협약UNFCCC의 당사국총회Conference of Parties(COP)에서 채택되는데 각 나라의 기후 관련 정책 수립과 연구, 기술 개발 등 기후변화 문제를 다루는 여러 분야의 다양한 활동에 과학적 기반과 향후 방향성을 제공하는 역할을 한다. 특히 제3실무그룹은 정책에 대한 과학적·기술적·사회적 요소들을 객관적으로 분석하는 역할을 하고 있다.

IPCC는 2022년에 제6차 종합보고서를 작성하였는데, 이 보고서의 핵심은 2010년에서 2019년 사이에 전 지구적으로 인간이 배출한 온실가스의 배출량이 지속적으로 증가하고 있다는 점을 밝힌 것이다(그림 1 참조). 이는 기후변화 문제는 점점 심각하게 인류 사회를 위협하고 있으며 단기간 내에 획기적인 온실가스 감축이 필요하다는 점을 강조하고 있다.

이 보고서는 국제사회의 구체적인 온실가스 감축이 없으면 산업혁명 이전과 비교하여 지구 평균기온을 1.5℃나 2℃ 이내에

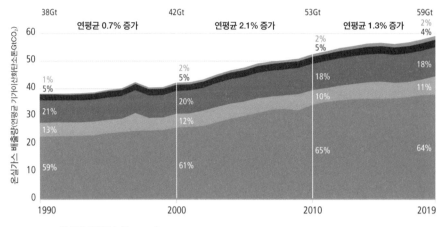

- 불소계 온실가스(F-gases)
- 아산화질소(N_2O)
- 메탄(CH_4)
- 토지이용, 토지이용 변화, 임업의 순 이산화탄소(CO_2-LULUCF)
- 화석연료 및 산업의 이산화탄소 배출(CO_2-FFI)

그림 1. 인간의 활동에 따른 온실가스 배출 추이(출처: IPCC).

서 억제하려는 목표 달성이 어렵다는 점도 강조하고 있다. IPCC 에 따르면 1.5℃ 목표 달성을 위해서는 전 세계의 온실가스 배출은 2025년 이전에 정점을 이루고 감소해야 한다. 2030년까지 2020년보다 이산화탄소의 배출량을 43% 줄여야 하고, 지구온난화 잠재량이 높은 메탄도 34%를 줄여야 한다. 만약에 2℃ 상승의 목표를 달성하려면 온실가스는 2020년과 비교하여 2030년에는 전 세계 배출량의 27% 정도를 감축해야 한다(그림 2 참조).

IPCC 6차 종합보고서에서 제시하는 정책 당국자들을 위한 권고를 보면 모든 분야에서 탄소를 줄여야 하지만 특히 필요한

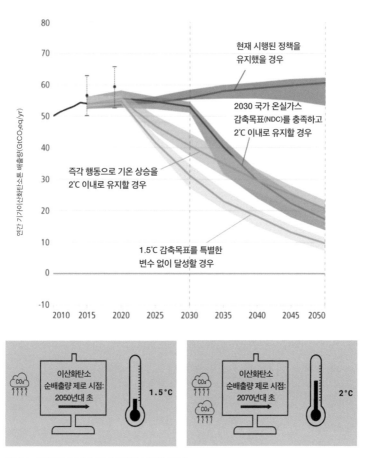

그림 2. 온실가스 감축목표 달성을 위한 경로(출처: IPCC).

것은 기후기술, 기후금융, 기후정책이다. 에너지 전환과 관련된 기후기술의 개발과 활용은 온실가스 감축의 구체적인 해결책을 제시하는 중요한 요소이다. 어떻게 기후기술을 개발하고 확산하며 상업화시키고 국제적으로 이를 사용할 수 있게 하는가는 매우 현실적이고 중요한 문제이다. 이러한 노력을 지원할 수 있도록 자금과 재원이 배분될 수 있게끔 하는 것이 기후금융의 역할이다. 글로벌 재원의 활용과 배분은 기후금융 분야에서 빠르게 증가하고 있지만, 아직도 화석연료에 대한 투자와 금융이 많은 상황이다. 따라서 많은 재원과 금융이 녹색 및 기후 분야에 제공될 수 있도록 하는 것은 매우 큰 도전이고 기후 분야에 대한 투자가 저탄소 녹색 전환으로 이어지게 하는 것이 기후금융 분야에서 가장 먼저 해결해야 하는 문제이다. 또한 각 분야의 의사결정권자들이 적절한 녹색 신호를 줄 수 있는 기후정책을 마련하고 시행하는 것이 기후 관련 정책을 실현하는 데 중요한 요소이다. 특히 다양한 이해당사자들의 이익을 조정할 수 있는 통합적인 정책 신호를 일관되게 주는 것이 기후변화 문제를 다루는 과정에서 가장 중요한 정부의 역할이 되고 있다. 이를 뒷받침하기 위하여 이 보고서에서는 투자 및 기후금융과 관련한 정책과 민간 부문에서의 기후금융 및 재원 확대가 중요한 요소임을 강조하고 있다. 또한 저탄소 기술의 개발과 국제적 협력 방안을 모색하여 구체적인 해결 방안을 찾는 것이 필요하다는 점과 최빈국과 개도국에서 느리게 일어나는 저탄소 기술 적용을 해결하기 위해서 정책적으로 비용 절감을 위한 녹색 지원이 필요하다는 점도 언급되고 있다.

예를 들어서 재생에너지 기술 중에 태양광 패널의 경우에는

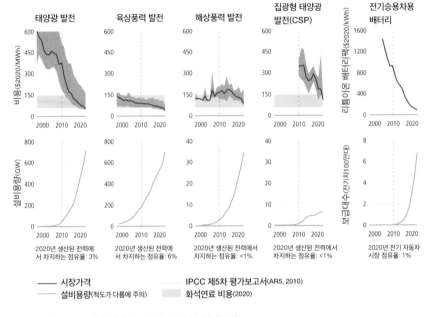

그림 3. 주요 재생에너지 기술별 비용 및 설비용량(출처: IPCC).

2000년과 비교해서 20년 동안 가격이 85% 하락한 것으로 나타나고 있다. 이에 발맞춰 태양광 설비도 기하급수적으로 늘어나고 있음을 알 수 있다. 해상풍력이나 전기차 배터리도 비슷한 추세를 보이고 있다(그림 3 참조). 2030년까지 온실가스 배출량을 2019년과 비교하여 절반 이상으로 줄일 수 있는 기술들은 전 분야에 걸쳐 존재한다. 특히, 이러한 기술을 활용한 온실가스 감축 옵션들은 tCO_2eq[41]당 $100 또는 그 이하의 비용으로 가능한 것으로 추정되었다. 또 2030년 온실가스 감축 잠재력의 절반 이상은 tCO$_2$eq당 $20로 가능하다고 추정하고 있다. 이는 현재의 탄소가격으로도 충분히 온실가스 감축이 가능하다는 점을 시사하고 있다.

2023년 11월에는 UNEP에서 각국에서 발표한 195개의 자발적 감축목표NDC와 실제 배출량의 차이를 나타내는 배출 갭 분석 보고서가 발간되었다. 동 보고서에 따르면, 2022년 글로벌 온실가스 배출량은 약 574억 톤으로 전년 대비 약 1.2%가량 늘면서 사상 최고치를 기록했다. 2023년 1월부터 10월 사이의 평균 온도는 산업화 이전 대비 1.43℃가량 상승하면서 연간 기온 상승 최고치를 경신했다. UNEP는 파리기후협정 목표를 달성하기 위해 2030년까지 글로벌 온실가스 배출량은 2019년과 비교하여 28%에서 42%까지 감축되어야 하고, 화석연료 사용의 점진적 폐지 등 적극적인 조치가 필요함을 강조하였다. 그러나 화석연료 사용의 점진적 폐지와 같은 조치가 단기간에 실행되기가 쉽지 않기 때문에, 동 보고서는 최근 온실가스 배출 추이를 반영하여 파리기후협약 목표 달성 가능성을 14%로 예측하고, 산업화 이전 대비 지구의 평균기온이 2.5℃ 이상 상승할 확률을 66%로 전망하였다. 동 보고서에 따르면 지구온난화에 가장 큰 영향을 끼치는 것은 화석연료 사용이다. 현재 화석연료 기반시설이 유지되고 화석연료의 생산이 증대할 경우, 화석연료의 사용만으로 지구의 평균기온이 2℃가량 상승할 것으로 예상하고 있다.[42]

2020년과 2021년에는 코로나바이러스의 영향으로 인간의 활동이 급속히 위축되고 이에 따라 온실가스 배출이 일시적으로 감소하였다. 하지만 2022년 인간의 활동이 정상화되면서 온실가스 배출은 다시 증가하는 추세이다. 2022년과 2023년 사이 온실가스 배출이 다시 늘어난 근본적인 이유는 의사결정권자들이 단기와 장기의 목표를 선택해야 하는 상황에서는 단기적인 문제, 특히 인간과 경제에 미치는 단기적인 영향이 큰 문제에 대해서 집중하는 경향을 보이기 때문이다. 한 예로 단기적으로 인류와 경제에 영향이 매우 큰 코로나바이러스에 대응하는 국제사회의 노력은 모든 역량과 자원을 이 문제 해결에 집중했다. 2022년 예기치 못한 러시아의 우크라이나 침공, 2023년 이스라엘과 하마스의 중동 분쟁 등은 많은 국가들이 에너지 안보의 심각성과 공급망 확보와 같은 단기적인 에너지 확보 문제를 더 우선순위에 놓는 결과를 초래하게 되었다. 모두가 화석연료 기반의 경제에서 장기적으로 탄소를 줄이는 녹색 전환으로 가야 한다는 인식을 가지고는 있지만, 단기적으로 예기치 못한 국제적 문제가 되풀이되는 과정에서 인류는 국제사회의 긴박한 탄소중립 요청과는 거리가 먼 선택을 반복하고 있다.

아시아·태평양권 국가 개최 순서였던 COP28은 산유국인 아랍에미리트 두바이에서 개최되어 2023년 11월 30일 개막 후 원래 계획보다 하루 넘겨 12월 13일 폐막하였다. 이번 총회에서는 파리협정 채택 이후 최초로 실시된 전 지구적 이행점검Global Stocktake(GST)을 통해 지구의 평균기온 상승 억제 1.5℃ 목표 달성을 위한 2050년까지 탄소중립 이행의 중요성을 재확인하였다. 에너지 시스템의 화석연료로부터의 전환, 2030년까지 전 지구적으로 재생에너지 용량의 3배 확충, 에너지 효율의 2배 증대, 원자력 발전 및 탄소 포집·활용·저장CCUS 등 저탄소 기술의 가속화, 온실가스 저감 장치가 없는 석탄 발전의 단계적 감축 등의 내용을 담은 'UAE 컨센서스'를 채택했다. 또한 2022년 COP27에서 채택된 개도국의 기후위기 대응을 위한 '손실과 피해 기금'의 운용을 결정하고 총 $7억 9,200만을 조성하였으며, 이와 함께 녹색기후기금GCF을 포함하여 총 $850억의 기후재원을 조성하는 성과를 거두었다. 역사상 최초로 유엔기후변화협약 문서에 '에너지 부문에서 화석연료로부터의 전환transitioning away from fossil fuels in energy systems'이 포함되는 총 196항에 달하는 결정문을 총의로 채택하면서 급증하는 기후위기 속에서 파리협정의 목표 달성을 위한 실질적인 이행을 촉구하는 성과를 거두었다. 그리고 당사국들이 제출한 NDC 이행 시 전 지구적 온도 상승을 2.1~2.8℃로 제한할 수 있다는 점을 확인하였다. 아울러 파리협정 1.5℃ 목표를 달성하기 위해서는 전 지구적 탄소 배출을 2019년 대비 2030년에 43%, 2035년에는 60% 감축이 필요하며, 2025년 이전 배출 정점 도달 및 2050 탄소중립 달성이 필요

하다는 기존의 2022년 IPCC 보고서에 근거한 감축 경로를 재확인하였다.[43]

당사국들은 COP28 결과에서 보듯이 느리지만 조금씩 글로벌 목표 달성을 위하여 합의와 진전을 보이는 노력을 하고 있다. 예를 들어, 온실가스 감축과 지구 평균기온을 1.5℃나 2℃ 이내로 억제하려는 목표 달성을 위한 재정의 확보, 기술의 개발과 이용, 기후변화에 의해 불가피한 손실과 피해를 당하는 개도국에 대한 지원 등에 합의하는 내용을 구체화하고 있다. 그러나 온실가스 감축에 꼭 필요한 화석연료 사용의 점진적 퇴출이나, 각국의 NDC 이행을 점검하여 실질적인 감축 여부를 점검하는 일 등은 국제적인 합의나 진전을 이루지 못하고 있는 실정이다. 결국, 전세계 1차 에너지의 70% 정도를 차지하고 있는 화석연료 사용을 대체할 수 있는 대규모의 새로운 에너지원을 신속하게 찾거나, 화석연료를 사용하되 탄소를 포집하고 활용하는 기술을 개발하거나, 에너지 효율을 획기적으로 향상시키고, 소비 행태를 바꾸는 실질적인 기후 행동을 이행하는 것이 필요한 시점이다. 그리고 모든 사람들의 의사결정에 기후 문제가 우선순위가 되는 통합적인 새로운 시스템을 구축하는 것이 매우 시급하다.

기후변화 문제와 21세기 핵심 트렌드

21세기에 들어서 기후변화 문제를 다루는 과정에서 네 가지 새로운 트렌드를 이해하는 것이 매우 중요하다. 기후변화 문제를 해결하기 위한 다양한 기술과 정책은 다음의 네 가지 새로운 경향과 추세에 맞는 해결 방안을 모색하는 것이 필요하기 때문이다. 저자가 주장하는 네 가지 트렌드는 다음과 같다. ① 디지털 전환Digital transformation, ② 탈탄소화De-carbonization, ③ 탈중앙집중화De-centralization, ④ 인구 구성의 변화Demographic change이다.[44]

21세기의 가장 큰 특징 중 하나는 모든 분야에서 디지털 전환이 빠르게 진행되고 있다는 점이다. 엄청나게 많은 정보가 실시간으로 생산되고, 이를 양방향으로 소통할 수 있는 기술 덕분에 모든 분야에서 커다란 변화도 일어나고 있다. 디지털 전환의 특징 중 하나는 이러한 정보를 교환하고 사용하는 데 한계비용 Marginal cost이 거의 들지 않는다는 점이다. 재화나 서비스의 공급자와 소비자가 서로 많은 비용을 들이지 않고 정보를 획득하고 교환하는 양방향 소통이 가능해졌다. 공급자는 수요자가 무엇을 왜 원하는지 더 잘 알 수 있게 되었다. 따라서 이러한 소비자의 선호와 행태를 잘 알고 이에 맞춰 재화나 서비스를 공급할 수 있는 공급자가 경쟁력을 가지게 되었다. 반대로 그동안 공급받는 재화나 서비스가 마음에 안 들어도 여러 제약으로 인하여 받아들여야만 했던 소비자도 더 많은 정보를 알게 됨으로써 자기가 원하는 상품이나 서비스를 제공하는 공급자를 선택하는 것도 가능해졌다.

에너지 관점에서 디지털 전환의 특징은 전력 수요가 크게 증가한다는 점이다. 디지털 전환으로 가능해진 많은 서비스와 재화는 주로 전기를 사용하는 디지털 기기들을 활용한다. 따라서 디지털 전환이 진행됨에 따라 더 많은 전력이 필요하게 되고, 기후변화 문제 관점에서 탄소의 배출 없이 어떻게 전력을 공급할 것인가 하는 문제가 제기된다. 디지털 전환으로 가능해진 양방향 소통은 그동안 공급자 중심으로 구축된 에너지 시스템을 소비자 중심의 시스템으로 빠르게 변화시키고 있다. 소비자가 전력회사나 가스회사를 쉽게 바꾸는 세상이 온 것이다. 20세기까지는 상상도 할 수 없던 일들이 에너지 부문에서 디지털 전환에 따라 빠르게 진행되고 있다.

탈탄소화 기조는 그동안 세계 경제의 주요 에너지원인 화석연료에서 벗어나는 것을 의미한다. 아직도 세계 경제는 1차 에너지의 70% 정도를 화석연료에 의존하고 있다. 그러나 기후변화 문제뿐만 아니라 화석연료 사용에 따른 인체 유해성, 대기오염, 자원 고갈과 수자원 오염을 비롯한 많은 부정적인 요인으로 인하여 세계적으로 화석연료 의존도를 줄이는 것이 일반적인 추세이다. 각 나라가 화석연료 사용을 줄이는 방향으로 에너지 시스템을 새로 구축한다면 2050년까지 탄소의 순배출Net emission 제로 선언을 달성하는 방향으로 가는 것을 의미한다. 이러한 추세가 가속화되려면, 에너지 공급 측면에서 정부와 에너지 공급기업 및 연관 산업이 화석연료를 대체할 새로운 에너지원을 개발할 수 있느냐에 성패가 달려 있다. 태양광이나 풍력과 같은 재생에너지인 비화석연료로 전력을 생산하거나, 화석연료 기반의 운송 체계를 전력이나 수소와 같은 비화석연료로 바꾸는 저탄소나 무탄소 에너지 전환을 이룰 수 있느냐가 관건이다. 또한 경제활동에 필요한 에너지의 효율을 높이거나, 우리의 생산활동 자체가 에너지를 덜 사용하도록 시스템을 개선하는 것 등도 탈탄소화에 기여할 수 있다. 수요자 측면에서는 개인의 행동이나 의식을 친환경적으로 전환하는 것이 필요하다. 예를 들어, 에너지를 덜 쓰는 생활 습관을 들이거나, 새롭고 창의적인 소비 습관으로 화석연료로 생산된 에너지 사용을 줄이는 것이다. 더불어 환경친화적인 소비자의 집단적인 행동 변화는 공급자들이 생산과 유통 과정을 환경친화적이고 탄소 배출을 줄이도록 바꾸는 결정을 유도할 수 있다. 공급과 수요 측면에서의 이러한 노력은 모두 사회적 비용을 적게 지불하고 탈탄소화를 가속화시킬 수 있는 핵심 요소가 될 수 있다.

21세기 또 하나의 특징은 탈중앙집중화라 할 수 있다. 이러한 추세는 그동안 인간이 사회를 운영하기 위해 만든 제도나 법 등 많은 분야에서 의사결정 구조나 과정이 중앙에 집중되어 있던 것에서 벗어나는 현상이다. 이러한 현상은 정치, 경제, 사회, 문화 등 모든 분야에서 일어나고 있다. 이는 앞서 언급한 디지털화로 인해 더 많은 정보가 양방향으로 빠르게 소통됨에 따라 모든 것을 중앙에서 통제하거나 관리하는 시스템이 점점 효과적이지 않게 됐다는 것을 의미한다. 이러한 추세를 반영하여 '상향식 접근Bottom-up approach' 방식으로 다양한 의견과 방법을 수용하는 것이 사회적으로 더 효율적이고 합리적인 접근 방법이라 인식되어 점점 더 많이 통용되는 추세이다. 예를 들어, 새로운 전력 공급시스템으로 '스마트 그리드 시스템Smart grid system'을 구축하고 있는데 이는 전력회사만이 전기를 공급하는 것이 아니라 일반 소비자도 재생에너지나 전기차를 활용하여 필요에 따라 전기를 스스로 공급하거나 다른 사람에게 공급할 수 있는 시스템이다. 또한 이전에는 공영방송이든 신문이든 공급자 중심의 중앙집중적인 방법으로 정보가 제공되었는데 최근에는 미디어 기술과 통신 기술의 발전과 기술의 융합으로 개인도 정보와 자료를 다양하게 생산하고 공급할 수 있게 되었다. 이렇게 형성된 플랫폼Platform을 기반으로 다양한 분야에서 새로운 기술을 활용해서 많은 사람들에게 정보를 공급하거나 필요한 정보를 얻을 수 있게 되었다. 이처럼 많은 분야에서 탈중앙집중적인 방법으로 다양한 시스템들이 서로 경쟁하며 운영되고 있는 추세이다.

　마지막으로 인구 구성면에서 전 세계적으로 고령화가 빠르게 진행되고 있다는 점이다. 디지털 기술과 융합된 의료 기술의 획기적인 발전, 공중보건 시스템 구축과 확대, 생활 여건의 개선, 의료 정보의 확산 등의 이유로 전 세계 모든 국가에서 현재 세대는 이전 시대의 사람들보다 오래 살게 되었다. 당연히 미래 세대는 바이오 기술의 개발과 맞춤형 이용, 디지털 기술과의 접목 확대 등으로 평균 수명이 더욱 늘어나게 될 것이다. 하지만 이러한 고령화 추세가 에너지를 더 사용하는 생활 양식으로 바뀔 것인지, 그에 따라 온실가스 배출량이 늘어날 것인지 아니면 줄어들 것인지에 대한 연구와 분석은 매우 제한적이다. 동북아시아 지역인 한국, 일본, 중국에서는 고령화와 더불어 저출산 현상이 빠르게 진행되고 있으며, 특히 한국의 저출산 추세는 매우 빠르게 진행되고 있다. 고령화와 저출산에 따른 인구 구성의 변화는 당연히 동북아시아 3개국의 고령층의 비중을 더욱 높이고 있으며, 심지어 초고령사회 진입을 촉진하고 있다. 초고령화 사회는 기존에 구축한 사회경제 시스템이 더 이상 작동하지 않거나 변화해야 한다는 것을 의미한다. 예를 들어, 한국에서 논의 중인 국민연금 개혁 방안도 현재 및 미래 노동인구의 감소에 따른 연금 납부자의 감소와 연금 수급자 사이의 불균형을 어떻게 해소하고 누가 더 부담하느냐의 문제로 확대되고 있다. 인구 구성의 변화는 미래에 예상되는 많은 도전과 문제를 해결하는 데 점점 중요한 요소가 되고 있으며 기후변화 문제를 해결하는 방법을 찾는 과정에서도 매우 중요한 요인으로 작용하게 될 것이다.

부문별 탄소 감축 핵심 내용

IPCC 6차 종합보고서에 따르면 에너지 부문은 온실가스 감축과 지구온난화에 따른 온도를 제한하기 위해 대전환이 반드시 필요하다. 인간의 활동에 따른 온실가스 배출의 대부분이 화석연료를 사용하기 때문이다. 따라서 화석연료 사용 자체를 줄이거나, 화석연료를 사용하더라도 탄소 포집 및 저장CCS 기술이나 포집된 탄소를 다른 용도로 활용하는 기술CCU 등을 통하여 탄소 배출을 획기적으로 줄일 필요가 있다. 또한 무탄소 에너지 시스템의 개발이나 에너지 효율 향상, 탄소 배출이 적은 수소 생산의 확대, 지속가능한 바이오 연료 등 화석연료를 대체할 수 있는 새로운 에너지원을 개발하는 것을 가속화해야 한다.

수요 및 서비스 부문에서 2050년까지 글로벌 온실가스 배출의 40~70%를 줄일 수 있는 잠재력이 있는 것으로 파악되었다. 수요 부문에서 걷기 및 자전거, 전기차와 같은 새로운 수송 수단의 확대, 항공 여행 감소 등 운송수단의 변화와 생활방식의 변화를 위해서는 사회 모든 분야에서 시스템 변화가 필요하다. 지속가능한 건강한 식이요법, 냉방 및 난방 방법의 개선, 재생에너지의 활용 등 선택지 구조[45]가 매우 중요하다.

수송 부문의 경우 현재 운송시스템을 고려하면 온실가스 배출을 감축하는 것은 매우 힘들다. 현재와 같이 석유제품의 사용에 기반한 운송수단과 기반시설을 활용하면서 온실가스를 줄이기 위해서는 운송 수요 자체를 줄이거나 운송수단에서 저탄소 기술을 적극적으로 도입하고 채택할 필요가 있다. 수송 부문에서 현재 가장 큰 잠재력은 전기차 도입의 확대를 고려하는 것인데 기차, 트럭 등에도 활용할 수 있는 배터리 기술의 개발과 활용이 반드시 필요하다. 또한 대체 연료인 저탄소 수소 및 바이오연료를 활용하면 항공 및 해운 부문에서 상당한 온실가스 감축도 가능할 것이다. 덧붙여 전력 부문의 탈탄소화 과정도 지속적으로 진행되어야 한다.

도시 부문에서는 개선된 도시 계획과 이행을 통하여 기후변화에 대응하고 온실가스 감축을 실현할 수 있다. 이는 지속가능발전목표Sustainable Development Goal(SDG) 12에 해당하는 내용으로 도시에서의 재화와 서비스의 지속가능한 생산 및 공급 그리고 소비생활을 강조하고 있다. 특히 도시에서 다양한 녹색공간을 확보하여 탄소를 흡수하고 저장할 수 있는 도시공원, 녹색 지역, 호수, 도시 숲 등을 조성하는 것이 필요하다.

산업 부문은 탄소 감축과 넷제로 달성이 매우 어려운 부문이다. 실제로 산업생산에 필요한 원료 및 재료의 효율적 사용, 재사용, 재활용, 폐기물 최소화에 대한 정책 및 관행이 매우 부족하다. 그래서 순환경제 개념의 도입과 이행이 산업 부문에서 꼭 필요하다. 철, 건설자재, 화학물질 등 기초 재료의 생산과정에서 저탄소 및 제로 온실가스 배출은 이미 시험 단계를 거쳐 상용화 단계에 도달한 기술들이 많이 있다. 생산과정 전체 가치사슬에서의 온실가스 감축 노력은 더욱 필요하다. 에너지 부문에서 새로운 기술로 활용될 저탄소 전력, 수소, 탄소 포집 및 저장 기술 등 온실가스 감축 기술들을 적극적으로 활용할 필요가 있다.

토지 이용 부문에서도 대규모로 온실가스 배출을 줄이고, 이산화탄소를 제거하거나 저장하는 것이 가능하다. 자연 및 생태계 보전과 복원, 숲, 이탄지Peatland, 해안 습지대 등에서 토지 이용을 잘 관리할 필요가 있다. 열대지역 산림 전용 방지, 산림 및 생태계 보전 및 복원, 지속가능한 농축업, 식생활 개선 등 토지 이용의 변화를 활용하면 2050년까지 연간 $8 \sim 14 GtCO_2eq$[46]의 온실가스 감축이 가능하다고 추정된다.

새로운 기술 개발도 탄소 넷제로 달성을 위해 중요한데, 아직 연구 단계이며 초기 투자 및 사업에 대한 실증이 필요하지만, 대표적으로 직접탄소제거Carbon Dioxide Removal(CDR) 기술이 있다.

현재 개발된 기술로는 제거가 용이하지 않은 온실가스 배출이 있기 때문에 추가적인 기술 개발이 필요하고, CDR에 산림 조림의 경우 발생할 수 있는 생물다양성과 식량안보 측면의 부정적 영향도 적절히 고려해야 한다. 바이오에너지 탄소 포집 및 저장 Bioenergy with Carbon Capture and Storage(BECCS), 직접 대기 탄소 포집 및 저장 Direct Air Capture with Carbon Storage(DACCS) 기술을 활용하면 1.5℃ 또는 2℃로 상승 온도를 제한하는 목표 달성에 한 걸음 더 가까이 가게 될 것이다.

기후변화 문제에 대한 우리의 전략과 비전

기후변화 문제와 에너지 전환 그리고 탄소중립 달성을 위한 모두의 노력은 더 이상 미래의 문제가 아니라는 점을 다시 한 번 강조한다. 기후변화에 따른 영향은 이미 우리에게 매우 큰 심각한 문제로 다가왔다. 앞에서 요약한 IPCC 제6차 종합보고서에 따르면 기후변화 문제의 심각성은 과학적으로도 입증되었다. 특히 과학자들의 연구 결과에 따르면 인간 활동과 기후변화 문제가 매우 밀접한 관계가 있다는 것이 밝혀지고 있다. 따라서 그 해결 방법도 인간이 찾아야 한다.

그러나 195개 이상의 나라들이 발표한 NDC를 살펴보면

IPCC가 제시하는 1.5℃나 2℃의 온도상승 제한 목표에 훨씬 못미친다는 점은 부인할 수 없는 사실이고 모두가 합의한 2050년 탄소중립 목표를 달성하기 위한 시간도 매우 부족하다. 이를 해결하기 위해 국제사회는 매년 COP을 개최하고 탄소중립을 달성하기 위하여 많은 문제와 이슈에 조금씩 진전을 이루고 합의를 해나가고 있다.

21세기는 모든 분야에서 전환을 맞고 있다. 녹색 에너지 전환을 이룰 수 있는 국가가 세계를 선도하는 국가가 될 수 있다는 것은 분명하다. 이 점과 관련하여 앞서 논의한 트렌드 중 전 세계에서 가장 주요한 흐름 중 하나인 디지털 전환을 저탄소 에너지 전환과 어떻게 접목을 시킬 것인가 하는 문제가 상당히 중요하다. 세계 각국은 각자 처한 상황과 조건에서 디지털 전환을 이루고자 노력을 하고 있다. 인공지능과 빅데이터의 기반이 되는 디지털 정보를 저장하는 메모리 관련 기술의 중요성은 더욱 커지고 있으며, 한국은 디지털 전환의 가장 기본이 되는 반도체 관련 분야, 특히 메모리 분야에 독보적인 기술을 확보하고 있다. 또 한국은 다른 나라보다 앞선 IT 인프라 시스템을 가지고 있고 무엇보다 한국 사람 특유의 빠른 디지털 습득 능력이 있다. 따라서 만약 한국이 경쟁력이 있는 반도체 기술을 활용하고 융합적이고 탄력적인 에너지 문제 해결 방안을 찾는 방향으로 디지털 기술을 응용한다면 저탄소 에너지 전환에서 앞서 나갈 수 있는 국가가 될 것이다. 물론 다른 나라들도 이 분야에서 국제적 경쟁력을 확보하기 위해 많은 노력과 정책적 지원을 펼치고 있다. 따라서 한국이 이 분야에서 계속 경쟁력을 확보하고 선도 위치를 유지하기 위해서는 정부의 과감하고 창의적인 새로운 정책 패키지가 필요한 상황이다.

구체적으로는 디지털 전환Digital transformation의 D와 녹색 전환Green transformation의 G를 합친 'D+G' 전략을 수립해야 한다. 유럽에서는 이미 에너지와 디지털 분야에서의 대전환을 쌍둥이 전환Twin transformation이라 부르며 빠르게 관련 정책을 추진하고 있다. 이처럼 D+G 전환 전략을 수립하는 과정에서 정부의 역할은 매우 중요한 요소인데, 민간이 주도하고, 정부는 이를 뒷받침하는 방법이 필요하다. 앞서 중요한 요소로 지적한 기술과 자본을 민간 부문이 확보하고 있기 때문이다. 국내뿐만 아니라 글로벌 시장을 대상으로 기술을 개발하고 경쟁력을 확보하고자 했을 때 가장 중요한 전제조건이 시장이다. 글로벌 시장에서 수요자와 공급자가 적절한 신호를 보내면 시장 참여자들인 공급자와 수요자는 이러한 신호에 대응하면 된다. 특히 거의 실시간으로 소통이 가능한 디지털 신호를 감지하고 이에 대응하는 사업을 창출하는 것은 민간의 몫이다. 이때 정부의 역할은 공정한 시장이 되도록 게임의 규칙을 정하고 이를 감시하면서 합리적이고 투명한 시장이 작동할 수 있게 하는 것이다. 시장을 통한 에너지 전환과 디지털 전환, 이를 뒷받침하는 정부의 정책이라는 세 바퀴가 균형 있게 돌아가는 국가가 21세기 대전환기에 녹색 디지털 전환의 선도국이 될 수 있다.

기후변화 문제는 이미 전 세계를 위협하는 가장 심각하고 시급한 이슈가 되었고, 인류와 자연생태계에 돌이킬 수 없는 위기를 초래하고 있다. 이러한 세계적인 위기 상황에서 21세기 새로운 발전 모델과 기회를 만들어낼 수 있는 국가들의 경쟁이 시작되었다. D+G 전환을 빠르고 효과적으로 추진하는 방법은 지금까지와는 다른 방법으로 진행될 것이다. 그동안 한국을 포함하여 경제발전의 성공모델 중 하나는 정부 주도로 계획하고 효과적인 자원 배분으로 빠르게 경제성장을 달성하는 것이었다. 그러나 현재 기후변화 문제를 해결하는 방법은 민간이 주어진 상황과 여건에 따라서 가장 적합한 기술을 개발하고 상용화하며 시장으로 발전시키기 위한 재원을 다양하게 마련하고 인력도 확보하는 것이다. 그리고 민간의 빠르고 투명한 의사결정을 정부가 정책적으로 뒷받침하고 제도적으로 지원하는 형태의 새로운 발전 전략을 수립하고 이행하는 것이다. 이러한 새로운 절차와 과정을 통해서 정부와 민간, 학계, 시민단체 등 모두가 참여할 수 있는 거버넌스를 구축하는 것이 새로운 발전 도약의 전제조건이 될 것이다. 이 과정에서 기후변화 문제가 필연적으로 안고 있는 세대 간의 형평성 문제도 포함하여 다루게 될 것이다. 기후변화 문제에 대한 통합적인 인식과 혁신적인 이행 그리고 학습을 통한 지속적인 변화를 모색하는 국가가 새로운 기회도 창출하고 기후변화 문제 해결에 선도적 역할을 할 국가임에 분명하다.

국제사회는 인류의 가장 큰 도전 중 하나인 기후변화 문제를 글로벌 공공재로 인식하고 공동으로 해결하고자 노력하고 있다. 동시에 각 나라는 이러한 도전에 대응하는 과정에서 새로운 기회를 만들고, 경쟁력을 가지는 국가로 도약하기 위해서 서로 경쟁하고 있다. 국제사회에서 디지털과 녹색 분야의 주도권과 우위를 갖는 것이 국가의 경쟁력을 유지하는 중요한 요소가 될 것이다.

II.
한국의
탄소중립을
위한

에너지
전환과
노력

1 원자력에너지의 이해와 SMR 개발 현황

임채영 한국원자력연구원 원자력진흥전략본부장

탄소중립에 기여하는 원자력 발전의 역할

현대 사회는 전기에 대한 의존도가 점점 더 높아지고 있으며, 교통, 가정 난방, 산업공정 등이 점차 전기화됨에 따라 전기 수요가 지속적으로 증가하고 있다. 전기는 깨끗하지만, 그 생산과정은 현재 에너지 관련 탄소 배출량의 40% 이상을 차지하고 있다. 성장하는 세계 인구에게 저렴하고 신뢰할 수 있는 전기를 제공하면서 전기 공급을 탈탄소화하는 것은 기후변화 대응의 핵심이다.

원자력 발전은 화석연료를 사용하는 발전 방식과 달리 이산화탄소를 직접적으로 배출하지 않는다. 핵분열 과정에서 방출되는 에너지는 열로 변환되어 전기를 생산하며, 이 과정에서 탄소 배출이 거의 발생하지 않는다. 이는 원자력이 탄소중립을 향한 전환 과정에서 중요한 역할을 할 수 있음을 의미한다. 특히, 태양광이나 풍력과 같은 다른 재생에너지원이 일정하지 않거나 예측 불가능한 에너지 공급을 제공하는 경우, 원자력은 안정적인 에너지 공급원으로서의 역할을 할 수 있다.

원자력 발전의 원리

원자력 발전 과정의 원리는 매우 무거운 원자핵(주로 우라늄-235)이 중성자를 흡수하고, 그 결과로 더 작은 원자핵으로 분열하며 엄청난 에너지를 방출하는 것이다. 이 방출된 에너지는 주로 열의 형태로 나타나며, 이 열을 이용해 전기를 생산한다. 원자력 발전소의 핵심 구성 요소는 원자로, 증기 발생기, 터빈 그리고 발전기이다. 원자로 내부에서는 우라늄 연료봉이 중성자와 반응하여 핵분열을 일으킨다. 이때 방출되는 열은 원자로를 둘러싼 냉각재(대개 물)를 가열하여 증기를 생성한다. 이 증기는 고압으로 터빈을 구동하고, 터빈은 이 운동에너지를 전기에너지로 변환하는 발전기를 돌린다.

한국의 탄소중립을 위한 에너지 전환과 노력

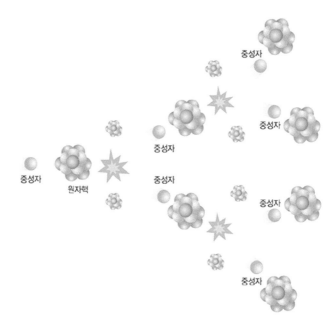

그림 1. 우라늄의 핵분열(출처: 한국원자력연구원).

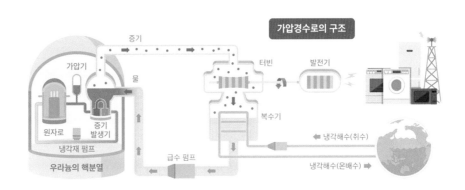

그림 2. 원자력 발전의 원리(출처: 한국원자력연구원).

원자력 발전의 장점은 높은 에너지밀도로 인해 매우 큰 양의 전기를 지속적으로 생산할 수 있다는 것과 이산화탄소를 직접적으로 배출하지 않는다는 것이다.

그러나 원자력 발전에는 몇 가지 중요한 도전 과제가 있다. 첫째, 핵분열 과정에서 발생하는 방사성 폐기물을 환경에 영향을 주지 않도록 매우 오랜 기간 동안 관리해야 한다. 이 문제에 대해 500m 지하에 안전하게 처분하는 공학적 해법이 있지만 사회적으로 민감한 쟁점이므로 많은 국가에서 여전히 진행형인 과제이다. 둘째, 대중이 안심할 수 있는 원자력 발전소의 안전성을 확보하는 것이다. 동일한 양의 전기를 생산할 때 발생할 수 있는 사망률 통계를 보면 원자력은 태양광 발전, 풍력 발전과 유사한 수준으로 매우 안전하다. 하지만 체르노빌이나 후쿠시마 같은 원전사고를 경험한 대중들은 원자력 발전의 안전을 우려하고 있다. 이러한 대중의 우려를 줄이기 위해서는 철저한 안전관리가 필요하다.

결론적으로, 원자력 발전은 탄소 배출이 없는 강력한 에너지원이지만, 안전성과 폐기물 처리 문제를 해결하는 것이 중요하다. 이러한 문제들에 대한 지속적인 연구와 기술 개발이 원자력 발전의 미래를 결정짓는 핵심 요소가 될 것이다.

원자력 발전 현황

2023년 기준, 원자력 발전은 전 세계적으로 중요한 에너지원 중 하나로 자리 잡고 있다. 전 세계적으로 약 430개 이상의 원자력 발전소가 운영 중이며, 이들은 전 세계 전력의 약 10% 정도를 공급하고 있다. 원자력 발전의 주요 사용국으로는 미국, 프랑스, 중국, 러시아 등이 있다.

미국은 가장 많은 원자력 발전소를 운영하는 국가로, 전체 전력의 약 20%를 원자력으로 생산한다. 프랑스는 전력의 약 70% 이상을 원자력으로 생산하며, 원자력에 대한 의존도가 매우 높은 국가이다. 중국과 러시아는 원자력 발전소 건설에 적극적으로 투자하고 있으며, 특히 중국은 향후 몇 년간 원자력 발전 용량을 크게 확장할 계획을 가지고 있다. 우리나라의 경우 2022년도에 원자력이 전체 발전량의 약 30%를 생산하여 기저부하 발전원으로 중요한 역할을 담당하고 있다.

기후변화 대응과 지속가능한 에너지 공급의 필요성이 증가함에 따라, 원자력 발전이 재생에너지원과 함께 중요한 역할을 할 수 있다는 인식이 확산되고 있다. 많은 국가들이 원자력 발전을 저탄소 에너지 전략의 일환으로 포함시키고 있으며, 다양한 지원 정책을 시행하고 있다. 2022년 7월, 유럽연합EU은 EU 택소노미Taxonomy(녹색분류체계)에 원자력 발전과 천연가스를 포함시키기로 최종 결정했다. 택소노미는 친환경 산업을 선별, 지정하고 이에 대해 금융·세제 지원 혜택을 줘서 투자가 활성화되도록 돕는 제도이다. 앞으로 EU에서는 원전과 천연가스에 대한 투자가 녹색(친환경)으로 분류되고, 공공자금 지원 대상에도 적용될 수 있다. 이러한 세계적인 추세를 반영하여 우리나라도 한국형 녹색분류체계K-taxonomy에 원자력이 포함되도록 개정하였다.

국제해사기구IMO에서는 2050년까지 전 세계에서 운항하는 배에서 나오는 온실가스를 0으로 만들라는 가이드라인을 냈다. 여러 가지 무탄소 동력원이 고려되고 있는데 그중에 가능성이 높은 것이 원자력이다. 디젤 엔진의 경우 보통 10~15노트knot로 운항하는데, 실제로 20~25노트로 갈 수 있지만 엔진 효율이 떨어지고 온실가스가 더 나오는 단점이 있다. 이때 동력을 원자력으로 바꾸면 35노트까지 올릴 수 있고 배를 훨씬 크게 만들 수 있다. 그래서 물류를 옮기는 컨테이너선에 원자력 동력원을 달면 비즈니스가 완전히 달라질 것이다.

기술적인 진보도 원자력 발전의 미래에 영향을 미치고 있다. 예를 들어, 소형모듈원자로SMR는 전통적인 대형 원자로보다 더 안전하고 사업성이 좋은 대안으로 주목받고 있다. 이러한 새로운 기술들은 원자력 발전의 활용도를 높이고 안전성을 향상시키며, 폐기물 문제를 개선할 수 있는 잠재력을 가지고 있다.

결론적으로, 원자력 발전은 여전히 전 세계적으로 중요한 에너지원이며, 기후변화 대응과 지속가능한 에너지 공급을 위한 중요한 선택지 중 하나이다.

소형모듈원자로 개발 현황

이 장에서는 SMR이 무엇이며, 우리나라를 포함한 세계의 연구개발 동향이 어떻게 되는지 소개해보겠다. SMR은 작고 모듈화(공장 제작이 가능한)된 원자로를 의미한다. 이런 점으로 인해 기존의 대형 원전[47]과 비교하면 SMR은 건설비용이 적으며 상대적으로 빨리 지을 수 있다. 일반적으로 SMR은 300MWe 이하의 원자로를 가리키지만, 300MWe를 초과하는 SMR도 개발되고 있다.

예를 들어, 프랑스의 경우 하나의 원자로를 건설하는 데에 10조 원이 들고 10년이라는 시간이 걸렸다. 건설하는 긴 시간 동안 만약 더 이상 쓰지 않겠다고 정책이 바뀐다면, 자금을 투자한 회사들이 그 피해를 받게 된다. 미국의 경우 지난 20년간 원자력 발전소가 지어지지 않았는데 스리마일Three Mile섬 원자력 발전소 사고의 영향도 있지만 필자가 보기에는 투자 위험성이 가장 큰 이유였다. 그에 반해 SMR은 상대적으로 빨리 지을 수 있고 건설 비용도 모듈당 1조 원 정도로 상대적으로 저렴하기 때

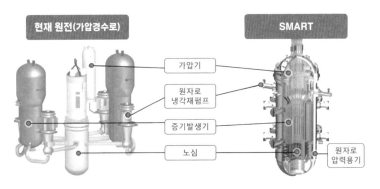

현재 원전(가압경수로)　　　　　　SMART

가압기

원자로
냉각재펌프

증기발생기

노심

원자로
압력용기

그림 3. 대형 원전과 SMART(SMR의 종류) 비교(출처: 한국원자력연구원).

문에 투자 위험이 적어 민간 투자를 유치하기 쉽다.

　이외에도 SMR은 여러 장점이 있는데, 작은 규모의 원자로를 사용하므로 안전하게 설계할 수 있고 출력을 유연하게 운영할 수 있다. 공학적으로 대형 원전의 경우에도 이미 충분한 안전성을 갖췄지만, 대중을 안심시키고 투자 안정성을 위해서는 더 높은 수치로 올릴 필요가 있다. 그런 면에서 SMR이 굉장한 장점이 있는 셈이다. 더불어 SMR는 재생에너지를 이용하기에 효율적이지 않은 열원과 동력원을 무탄소로 공급하는 데 요긴하게 쓰일 수 있고 다양한 용도에 활용될 수 있다. 예를 들어, 750°C 정도의 고온 수증기를 만들어 화학공단에 공급할 수 있고, 고온 수증기를 전기분해하여 수소를 제조하는 고온수전해 방식으로 해상용 선박의 동력 등에 쓰일 수 있다.

주요국 SMR 개발 동향

2022년 기준 전 세계적으로 80여 종의 SMR이 경쟁적으로 개발되고 있으나, 국제원자력기구International Atomic Energy Agency(I-AEA)는 2030년까지 5개 이하의 업체가 생존할 것으로 추정하고 있다. 한국원자력연구원도 이 5개 중에 하나가 되려고 열심히 노력하고 있다.

SMR 개발 주요국은 대략 미국, 캐나다, 러시아, 중국, 유럽, 일본 그리고 우리나라 정도이다. 특히 미국의 SMR 기술이 가장 앞서 있는데, 세계 원자력 기술의 종주국이지만 놀랍게도 대형 원전에서 미국의 경쟁력은 없다. 앞서 언급한 대로 투자 위험성의 이유로 원자력 사업에 투자가 거의 없었고 20년 이상 원자로를 짓지 않으면서 공급망이 다 없어졌기 때문이다. 우리나라의 두산에너빌리티[48]와 BWXT 같은 회사가 미국에 남아 있긴 하지만, 해군에 군용 원자로만 납품한다. 이렇게 대형 원전은 도저히 다른 나라와 경쟁에서 밀리니 세계 원자력 시장의 판도를 소형 원전 중심으로 바꾸고 민간을 끌어들이는 정책을 추진한다. 그에 따라 미국 정부와 의회가 의기투합해서 1)소형 원전 개발하는 곳을 집중적으로 많이 지원하고, 2)처음 짓는 업체는 땅을 제공하고 자금도 보태주고, 3)대학이 연구개발하게끔 지원하는 3개의 법을 만들었다. 이렇게 투자하고 인허가 체제를 개선하고, 새로운 기술 개발을 지원하는 법률을 만들어서 10년간 지속적으로 많은 투자를 했더니 지금 SMR 시장의 선두 주자는 미국이 됐다.

　미국의 뉴스케일파워NuScale Power 사에서 나온 VOYGR라는 원자로가 개발 중인 SMR 중 기술적·사업적 측면에서 가장 앞서 있다고 언론에서 많은 주목을 받고 있다. 여기에 우리나라의 두산에너빌리티, 삼성물산, GS에너지가 투자를 했다. 또한 홀텍 인터내셔널Holtec International이라는 회사가 갖고 있는 원자로는 현대건설과 같이 연구 개발하고 있다. BWRX-300은 GE-히타치GE Hitachi Nuclear Energy 소유이며 초기 7일 동안 어떠한 조치 없이도 안전이 보장되는 300MWe급 일체형 SMR이다. 우리나라 기업이 아직 투자는 하지 않았는데, 대우건설과 소통 중에 있는 걸로 알려졌다. 나트륨Natrium은 전력 수요에 따른 가변성(100~500MWe)이 좋은 SMR인데, SK가 거액을 투자하였다. Xe-100는 헬륨기체를 냉각재로 쓰는데 이를 개발한 엑스-에너지 X-Energy는 두산에너빌리티와 협약을 맺은 상태이다. 여기서 우리나라 원자력 기술이 뛰어나다고 하는데 왜 다들 미국에 가서 투자를 하는지에 대한 의문이 생길 텐데 그 답은 우리나라에서는 사업이 되지 않기 때문이다. SMR을 미국같이 큰 나라에 지으면 1,000개를 지을 수 있는데, 우리나라에서는 아무리 많이 지어도 수십 개에 그치기 때문이다. 일례로, 필자가 있는 한국원자력연구원이 2012년에 스마트System-integrated Modular Advanced Reactor(SMART)라는 세계 최초로 규제기관의 인허가를 받은 상업용 SMR을 개발했다. 그런데 우리는 10년 동안 땅이 없고 투자자도 없어서 SMR을 짓지 못했고, 안타깝게도 그동안에 미국이 이미 전세를 역전해놓은 상태이다.

러시아는 원자력 분야에서 전통적인 강국인데, 국영기업 로사톰Rosatom을 중심으로 SMR 기술 개발을 활성화하고 있다. 특히 수송기관에 SMR을 장착하는 기술을 개발하고 있는데, 바지선Barge vessel에 SMR을 설치한 해양 부유식 발전함을 빙하가 녹고 있는 북극해에서 운전하고 있다. 열병합하고 전기도 공급하는 작은 원자로(35MWe) 두 개가 바지선 안에 들어가 있고 세계 최초로 상업 운전을 시작했다. BREST-OD-300이라는 납냉각 고속로형의 새로운 원자로도 개발하고 있다.

중국의 경우 하이난섬에 짓고 있는 ACP100이라는 원자로가 있다. 이 원자로는 2010년부터 개발한 125MWe급 가압경수로형 원자로인데, 사실 우리 SMART 디자인을 모방했다고 우리가 평가절하했던 원자로인데 이미 짓기 시작해서 2025년에 가동 예정이다. 이 원자로는 전력 분산화와 산업 및 인구 밀집지역의 에너지 공급 그리고 해수담수화 등에 활용할 계획이다. 또한 칭화대학교에서 개발한 HTR-PM은 고온을 만들어낼 수 있는 210MWe 원자로이다. 현재 쓰이는 원자로가 3세대인데, HTR-PM은 4세대 원자로라고 불리는 원자로 중의 하나이며 중국이

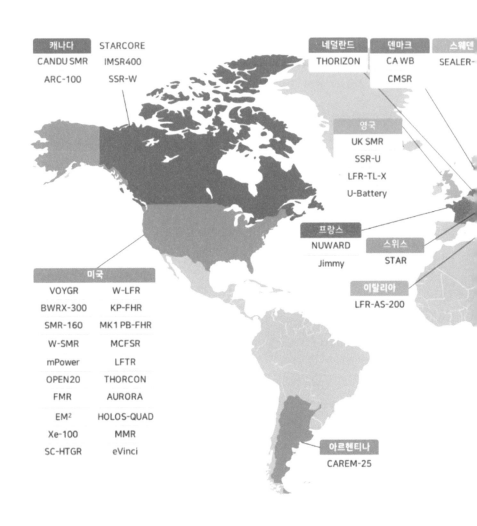

캐나다
CANDU SMR STARCORE
ARC-100 IMSR400
SSR-W

네덜란드
THORIZON

덴마크
CA WB
CMSR

스웨덴
SEALER-

영국
UK SMR
SSR-U
LFR-TL-X
U-Battery

프랑스
NUWARD
Jimmy

스위스
STAR

이탈리아
LFR-AS-200

미국
VOYGR W-LFR
BWRX-300 KP-FHR
SMR-160 MK1 PB-FHR
W-SMR MCFSR
mPower LFTR
OPEN20 THORCON
FMR AURORA
EM² HOLOS-QUAD
Xe-100 MMR
SC-HTGR eVinci

아르헨티나
CAREM-25

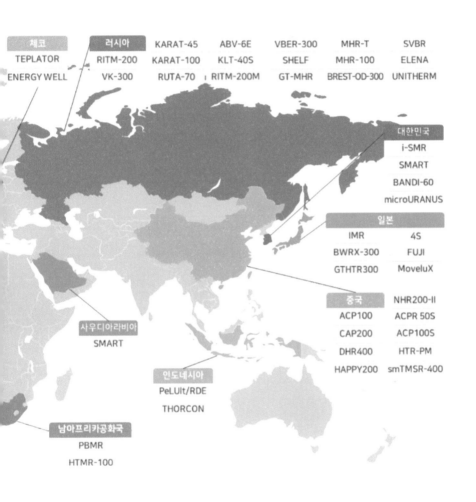

체코
TEPLATOR
ENERGY WELL

러시아
RITM-200
VK-300

KARAT-45
KARAT-100
RUTA-70

ABV-6E
KLT-40S
RITM-200M

VBER-300
SHELF
GT-MHR

MHR-T
MHR-100
BREST-OD-300

SVBR
ELENA
UNITHERM

대한민국
i-SMR
SMART
BANDI-60
microURANUS

일본
IMR   4S
BWRX-300   FUJI
GTHTR300   MoveluX

중국   NHR200-II
ACP100   ACPR 50S
CAP200   ACP100S
DHR400   HTR-PM
HAPPY200   smTMSR-400

사우디아라비아
SMART

인도네시아
PeLUIt/RDE
THORCON

남아프리카공화국
PBMR
HTMR-100

그림 4. 세계 SMR 개발 지도. 2022년 9월 기준으로 전 세계적으로 80여 종의 SMR 이 개발되고 있다(출처: 한국원자력연구원).

세계 최초로 산둥반도에 2기를 지어서 가동하고 있다.

캐나다에서는 ARC-100이라는 소듐냉각고속로Sodium-cooled Fast Reactor(SFR)형 SMR을 개발하여 2029년까지 건설할 계획이라 한다. 소듐냉각고속로는 액체 소듐을 냉각재로 쓰는데 이 경우 고에너지 중성자를 가지고 핵변환 반응을 일으킬 수 있어서 사용 후 핵연료를 태워서 없앨 수 있다는 장점이 있다. 또한 용융염 원자로Molten Salt Reactor(MSR)를 개발하고 있는데, 이는 원자로의 핵연료 자체를 액체 용융염 안에 넣은 점이 특징이다. 용융염 원자로는 전 세계적으로 많은 주목을 받고 있는데, 세계에서 개발되고 있는 80~90개 되는 SMR 중에 거의 30여 종이 용융염 원자로이다. 원자로에서 안전상 제일 중요한 것이 핵연료가 녹지 않아야 하는 것이다. 핵연료가 녹으면 핵분열에 의해서 생성된 방사성 물질이 밖으로 나오기 때문이다. 스리마일섬 사고 같은 경우는 그렇게 새어 나온 방사성 물질이 격납 건물 안에 갇혀 있었기 때문에 문제가 없었지만 최선은 처음부터 안 녹는 것이다. 용융염 원자로는 완전한 발상의 전환인데 녹은 상태의 핵연료를 이용하고 운전 중에 나오는 기체 상태의 방사성 폐기물을 바로 포집해서 제거한다. 그러면 원자로가 만에 하나 사고가 나서 겉으로 핵연료가 노출되어도 더 이상 나올 수 있는 방사성 물질이 없다. 그리고 연료가 용융염이기 때문에 온도가 300°C 이하로 내려가면 굳어서 어디로 흘러가지 않는다. 그래서 상당히 안정적인 모델이다. 또한 핵연료 교체 없이 장기간 운영이 가능하고 발전 규모를 키우거나 소형화를 실현할 수 있는 여러 가지 장점이 있기 때문에 게임체인저가 될 수 있다.

영국은 롤스로이스Rolls Royce 사가 컨소시엄으로 500MWe 가까운 크기의 원자로를 개발하고 있다. 이는 90%에 달하는 제조와 조립 공정을 공장에서 수행할 수 있도록 모듈화를 강조한 설계이고 2029년 첫 호기 운영이 목표이다. 롤스로이스가 왜 자동차 대신에 원자로를 만드는지 의문이 들 수 있는데, 롤스로이스는 사실 영국의 원자력 잠수함을 납품한 역사가 있는 원자력 기술을 보유한 회사이다.

원자력 강국인 프랑스에서도 SMR 개발을 포함한 원자력 부문에 2030년까지 10억 유로를 투자하겠다고 발표했고, 프랑스 전력공사 컨소시엄을 중심으로 NUWARD 개발에 집중하고 있다. NUWARD는 340MWe급 일체형 가압경수로형 SMR로, 2025년까지 기본설계 완료, 2030년 프랑스 내 착공을 목표로 한다.

우리나라 SMR 개발 현황

우리나라는 정부가 원자력 산업을 현재 굉장히 많이 지원해주고 있는데, 원자력 산업 생태계 강화를 국정과제로 포함했고 제6차 원자력진흥종합계획을 수립하였다. 또한 12대 국가전략기술에 차세대 원자력을 포함시켰으며, 한국형 녹색분류체계인

K-택소노미에도 원자력 산업을 넣었다.

우리 한국원자력연구원은 캐나다 앨버타 주정부와 MOU를 맺기도 했다. 앨버타주는 셰일 오일Shale oil이 굉장히 많고 유전지대가 남한보다 넓은 면적에 흩어져 있다. 거기서 땅을 파고 고온고압의 수증기를 집어넣어서 기름을 뽑아내야 되는데, 투자자들이 무탄소 열원으로 수증기를 만들어서 기름을 뽑아내야 투자를 하겠다고 한 상태이다. 게다가 캐나다 정부가 탄소세를 매기는데 지금 이산화탄소 톤당 가격이 CA$50이며 2030년까지 CA$170로 올라갈 예정이다. 톤당 CA$170를 에너지 생산 비용으로 환산해보면 kWh당 100원이 넘는다. 그런데 SMR 단가가 보통 지금 나오는 것들이 100~150원/kWh 정도이며 목표치가 70~80원/kWh이다. 그러면 SMR을 지어서 발전단가를 100원/kWh로 만들 수 있으면, 절감되는 탄소세를 고려하면 비용이 안 드는 셈이다.

사실 앨버타주에서는 유전 지대에 이산화탄소를 밀어넣는 CCUS 기술을 실증하고 있으며 유전 업체들은 CCUS를 더 선호한다고 한다. 그래서 SMR의 가장 유력한 경쟁기술은 CCUS라고 할 수 있는데, 주정부 사람들은 처음부터 이산화탄소를 안 만드는 게 낫다고 생각하고 있다. 그래서 이번 기회에 우리는 지금 앨버타 주정부와 긴밀하게 협의하여 SMART를 지어보려고 노력하고 있다.

우리는 또한 앞서 언급한 세계 최초의 상용 SMR인 SMART를 사우디아라비아에 지어보려고 추진 중이다. 그리고 2030년 대에 SMR 시장이 본격적으로 열릴 것을 대비해 SMART의 후속 모형인 i-SMR을 개발하고 있다. i-SMR은 출력이 110MWe였던 SMART에서 170MWe로 높였고 모듈 4개를 붙이는 방식 등 혁신적인 기술을 다수 포함하여 개발하고 있다. 지금 목표는 균등화발전단가 \$65/MWh, 건설단가 \$3,000/kWh 이하로 맞추고 출력에 유연성을 구현하는 것이다. 표준설계인가를 2028년 까지 받으려 하는데 우리 목표대로 i-SMR이 개발되면, 2030년 대 초반에 시장에 나올 때 단가의 측면에서 세계에서 경쟁력 있는 SMR이 될 것이다. i-SMR은 수출용이기 때문에 목표 시장이 국내는 아니지만 그래도 SMART의 교훈을 통해 국내에 한 기는 지어서 실증을 해봐야 되겠다고 생각에 지금은 국내 건설 부지를 고민하고 있다.

고온가스로High Temperature Gas cooled Reactor(HTGR)도 한국원자력연구원에서 연구하고 있다. 캐나다 초크리버Chalk River 연구소에 SMR을 지을 수 있게 캐나다 정부가 허락을 한 상태이다. 여기에 미국의 USNC라는 회사가 가스로 기반의 SMR을 짓고 있고 한국의 현대엔지니어링이 투자했다. 이때 원자로 설계 코드와 안전해석 코드를 우리가 개발한 것을 쓰고 있다. 이렇게 USNC가 어느 정도 실증을 한 SMR의 디자인을 우리나라에서

스케일업해보자고 논의하고 있다.

　마지막으로 원자력 정책을 연구하는 입장에서, 중요한 것은 원자력의 탈정치화라고 생각한다. 원자력 산업에 정치적인 요소가 들어가면 합리적인 에너지와 전력 정책이 설 자리를 잃을 것이다. 중장기 투자가 필수적인 에너지 산업의 특성상, 에너지 정책이 짧은 시간 내에 계속 바뀐다면 원자력뿐만 아니라 재생에너지 산업도 영향을 받을 것이다. 그리고 정치 리스크가 있는 산업에 민간기업도 투자하지 않게 되면서 활력을 잃고 성장할 수 없게 될 것이다. 요컨대, 에너지 정책에 정치적인 개입이 적어지면 지속가능한 사회를 위한 합리적인 의사결정들이 이루어질 것이라고 생각한다.

2

태양전지의 이해와
앞으로의 과제

탄소중립을 위한 태양전지의 혁신
─ 페로브스카이트 태양전지

박남규 성균관대학교 화학공학·고분자공학부 종신석좌교수

넷제로 2050을 위한 태양전지의 필요성

21세기에 살고 있는 우리는 기후변화라는 거대한 도전에 직면하고 있다. 기후변화는 지구 대기 중의 온실가스(이산화탄소, 메탄, 이산화질소 등) 농도 증가로 인해 지구의 기후 패턴이 변화하는 현상을 의미한다. 국제에너지기구IEA는 지구온난화 및 기후변화를 관리하기 위한 국제적인 노력 중 하나로 '넷제로 2050'이라는 목표를 제시한다. 이는 온실가스 배출을 최소화하여 2050

년까지 지구상의 순수한 탄소중립을 달성하는 목표를 의미한다. 이러한 목표를 달성하기 위해서는 인류의 경제활동에서 발생하는 온실가스 배출을 줄이고, 잔여 배출량을 흡수(포집)하여야 한다. 온실가스 배출을 줄이기 위해서는 화석연료 사용을 줄이거나 사용하지 않는 방법으로 에너지를 생산해야 한다. 즉 화석연료 발전 대신 이산화탄소 배출이 없는 에너지원으로 대체하는 것이 가장 현실적인 방법이다.

화석연료의 전환을 위해서, 이산화탄소 배출이 없는 발전 방식인 자연의 태양 빛을 사용하는 태양광 발전 그리고 바람을 이용하는 풍력 발전 등의 신재생에너지 기술을 채택하는 것은 상당히 현실적인 방향이다. 넷제로 2050을 위한 태양전지의 누적 설치량은 20테라와트TW가 되어야 한다. 전 세계 태양전지의 누적 설치량은 2022년 1.1TW를 달성했다. 매년 누적 설치량 약 200~300기가와트GW를 통해 달성한 용량이다. 넷제로 2050 목표인 20TW를 달성하기 위하여는 매년 675GW 이상의 태양전지가 설치되어야 한다(그림 1). 즉 현재의 설치량 속도를 유지하면 탄소중립에 도달하기 어렵다. 설치량 속도를 높이기 위해서는 현재 사용하는 실리콘 소재의 실리콘 태양전지 기술보다 발전단가 및 성능에서 더 경제적이면서 더 우수한 새로운 기술의 등장이 필요하다.

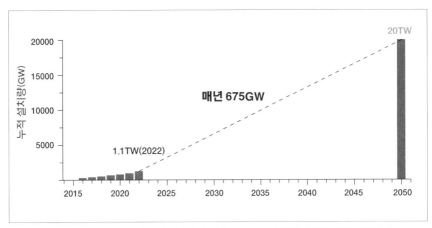

그림 1. 연간 태양광 발전 누적 설치량과 넷제로 2050을 실현하기 위한 연간 태양광 발전 누적 설치량 예측치.

태양전지의 작동원리

태양전지는 빛에너지를 직접 전기에너지로 변환하는 장치이다. 빛에너지를 전기에너지로 변환하기 위해서는 빛을 흡수하여 전자를 여기Excitation할 수 있는 반도체가 필요하다. 이를 광흡수체라고 한다. 광흡수 반도체는 밴드갭을 가지고 있으며 밴드갭 에너지에 해당하는 빛에너지를 흡수하면 가전자대Valence Band(VB)의 전자가 전도대Conduction Band(CB)로 들뜨게 된다. 이 과정을 '광흡수 과정'이라고 한다(그림 2(a)). 광흡수 과정에서 생성된 전자를 광전자 또는 광여기 전자Photo-excited electron라고 한다. 태양전지가 전기를 발생하기 위해서는 광여기 전자가 태양전지

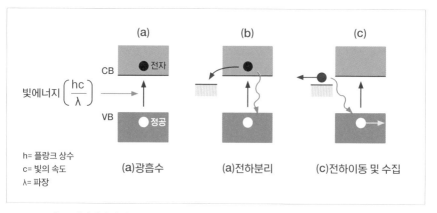

그림 2. 태양전지의 작동원리.

(a) 광흡수 반도체의 빛에너지 흡수 과정. 가전자대(VB) 전자가 빛에너지를 흡수하여
    전도대(CB)로 들뜨게 됨.
(b) 광여기 전자가 pn 접합에 의해 분리되는 과정(검은 화살표)과 재결합되는 과정
    (회색 물결 화살표).
(c) 분리된 전자가 이동하여 전극에 수집되는 과정.

로부터 나와 외부 도선으로 전달되어야 한다. 즉 광여기 전자와
정공Hole이 분리되는 '전하분리 과정'이 필요하다(그림 2(b)). 전
하분리를 위해서는 ppositive-형 광흡수 반도체에 nnegative-형 반
도체를 접합해야 가능하다. 따라서, 태양전지는 기본적으로 반
도체 간 pn 접합 소자이다. 만약 광흡수 물질이 p-형이나 n-형
특성을 가지지 않을 경우(intrinsic 반도체)에는 전하분리를 위하여
n-형 및 p-형 반도체가 모두 필요하며 pinpositive-intrinsic-negative
혹은 nipnegative-intrinsic-positive 접합 구조를 가지게 된다. 광흡수
체로부터 n-형 반도체로 분리된 전자가 이동을 통해 전극에 수

집되는 '전하이동 및 수집 과정'을 거쳐 광전류가 발생하게 된
다(그림 2(c)).

고효율 태양전지 광흡수체 설계

에너지변환 효율은 앞서 언급한 태양전지 작동원리의 세 가
지 과정과 관련 있다. 광흡수 과정이 효율적으로 진행되기 위하
여 광흡수체는 높은 흡광계수Absorption coefficient, α를 가져야 한
다. 분리된 전하가 빠르게 이동하기 위하여 pn 반도체는 높은
전하 이동도Mobility, μ를 가지는 것이 좋으며, 광전자가 정공과
재결합(그림 2(b))하지 않기 위해서는 전하가 재결합에 소요되는
시간Carrier lifetime, τ이 길어야 한다. 즉 효율은 세 가지 변수의 곱,
α×μ×τ에 의해 결정되며, 높은 에너지변환 효율의 태양전지를
설계하기 위해서는 적절한 밴드갭 에너지를 가지면서 우수한
광전자 특성Optoelectronic property의 광흡수체를 선정해야 한다.

지금까지 알려진 태양전지 광흡수체는 무기물질인 실리콘
Si, 카드뮴 텔루라이드CdTe, 구리 인듐 갈륨 셀레나이드CIGS, 갈
륨 비소GaAs 등이 있으며, 유기물 또는 유기금속화합물도 알려
져 있다. 제1세대 태양전지로 불리고, 현재 상업화되어 태양전
지 시장의 대부분을 차지하는 실리콘 태양전지는 실리콘 소재

를 웨이퍼 형태로 만들어 제조한다. 다른 무기물 반도체 소재에 비해 상대적으로 낮은 흡광계수를 극복하기 위하여 광흡수체의 두께가 수백 μm로 두껍게 만든다. 반면 흡광계수가 상대적으로 큰 CdTe, CIGS, GaAs 등은 얇은 박막으로 만든다. 제2세대 박막 태양전지는 투명전극이나 금속 전극 표면에 물리적 또는 화학적으로 박막 증착하여 만들기 때문에 1세대 웨이퍼 기술과 다르게 분류한다. 2023년 12월 기준 태양전지 효율 공인인증기관(미국 NREL, 일본 AIST, 독일 Fraunhofer ISE)으로부터 인증된 태양전지 중 단일접합으로는 GaAs를 이용한 29.1%가 최고 효율이다(표1). 태양전지 시장의 대부분을 차지하는 실리콘 태양전지는 단결정 실리콘의 경우 26.1%이며, 단결정 n-형 실리콘 기판에 비정질 실리콘층을 도입한 HITHeterojunction with Intrinsic Thin-layer 구조는 26.81%를 기록하였다. 박막 태양전지로 퍼스트솔라First Solar 사가 양산에 성공한 CdTe 태양전지는 22.4% 효율이 2023년 12월 기준 최고 수준이며, CIGS는 이보다 조금 높은 23.6% 효율이 가능하다. 순수 유기물을 사용하는 유기태양전지의 효율은 19.2%로 무기 소재에 비해 상대적으로 낮은 편이다. 액체전해질과 유기금속 염료를 사용하는 염료감응 태양전지는 공정단가가 저렴하고 다양한 색상이 가능한 장점이 있지만 효율이 13% 수준으로 낮은 것이 단점이다.

2012년 새롭게 등장한 9.7% 효율의 고체 페로브스카이트 태

태양전지 종류	효율	제조기관	인증일
실리콘 단결정	26.1%	ISFH	2018년 3월
실리콘 HIT	26.81%	LONGi	2022년 11월
GaAs	29.1%	Alta Devices	2018년 11월
CIGS	23.6%	Evolar/UT	2023년 2월
CdTe	22.4%	First Solar	2023년 10월
페로브스카이트	26.1%	NU/UT	2023년 8월
유기물	19.2%	SJTU	2023년 4월
염료감응	13%	EPFL	2020년 12월

ISFH: Institute for Solar Energy Research Hamelin
UT: University of Toronto
NU: Northwestern University
SJTU: Shanghai Jiao Tong University
EPFL: École Polytechnique Fédérale de Lausanne

표 1. 태양전지 종류별 공인인증받은 최고 효율(2023년 12월 기준).

양전지는 2023년 8월에 26.1% 효율을 공인인증받았다. 1950년
대에 처음 고안돼 1980년에 효율이 20%를 넘으며 본격적으로
상용화되기 시작한 실리콘 태양전지는 현재의 최고 효율을 얻기
까지 70년 가까운 오랜 시간이 소요된 반면, 페로브스카이트 태
양전지는 2012년 등장 후 불과 2년 만에 효율 20%를 넘기고, 11
년의 짧은 시간에 26.1% 효율을 달성하였다(그림 3). 다른 태양전

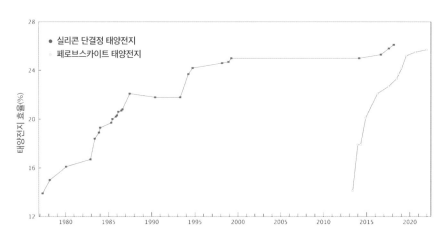

그림 3. 실리콘 태양전지와 페로브스카이트 태양전지의 연도별 효율 변화(출처: 미국 국립 재생에너지연구소(NREL)).

지 기술에 비해 페로브스카이트 태양전지가 고효율 달성이 빠른 이유는 페로브스카이트 물질이 가지고 있는 광전자 특성이 매우 우수하기 때문이다. 페로브스카이트 태양전지에 대하여 더 자세히 알아보자.

페로브스카이트 태양전지

1) 할라이드 페로브스카이트란?

페로브스카이트는 1839년 우랄산맥에서 발견된 티탄산칼슘 $CaTiO_3$ 광물에 붙여진 이름이다. 페로브스카이트는 ABX_3 화학

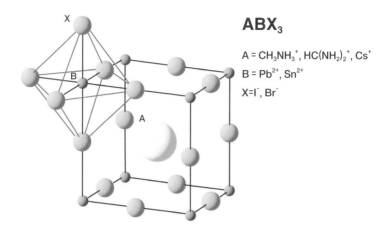

$$ABX_3$$

A = $CH_3NH_3^+$, $HC(NH_2)_2^+$, Cs^+
B = Pb^{2+}, Sn^{2+}
X= I^-, Br^-

그림 4. ABX_3 페로브스카이트 결정구조와 A, B, X 이온 종류(출처: *Materials Today*, 18, 65-72, 2015).

식을 가지며 A는 X와 12배위를 하고, B는 X와 6배위를 하여 결정구조를 만든다(그림 4). X 음이온은 산소와 같은 2가 음이온과 할로겐과 같은 1가 음이온도 가능하다. 페로브스카이트 태양전지에 사용되는 페로브스카이트는 산소가 아닌 할로겐 음이온을 사용하기 때문에 할라이드Halide 페로브스카이트라고 하기도 한다. 페로브스카이트 결정구조의 안정성은 참여하는 원소의 이온 반경R을 이용한 공차계수Tolerance factor($t=(R_A+R_X)/[\sqrt{2}(R_B+R_X)]$)로부터 예측 가능하다. 공차계수가 0.8 이상, 1 이하이면 페로브스카이트 결정상이 안정화된다고 한다. 페로브스카이트 태양전지에 처음 사용된 메틸암모늄MA:Methylammonium, CH_3NH_3 페로브스카이트 $MAPbI_3$는 t=0.83으로 페로브스카이트 결정상이 안정하게 형성된다. MAPbX₃(X=Cl,Br,I)는 1978년 독일의 베버 D. Weber 박사가 수용액에서 처음 합성에 성공하여 발표하였다.[49] 이온 반경이 작은 염소는 무색을 나타내는 반면, 이온 반경이 브롬에서 요오드로 증가할수록 오렌지색과 검은색으로 변하는 것을 관찰하였다. 이는 곧 MAPbX₃의 밴드갭이 할로겐 원소의 이온 반경에 따라 변한다는 것을 의미하며, 이온 반경이 증가할수록 밴드갭이 줄어들고, 요오드에서 가시광선 전 영역을 흡수하여 검은색을 띠게 된다. 하지만 고체 페로브스카이트 태양전지에 적용되기 전까지 34년 동안 이 물질은 관심을 받지 못했다.

2) 고체 페로브스카이트 태양전지의 발견

MAPbI₃가 태양전지에 사용된 것은 2009년 일본 토인 요코하마대학 미야사카 쓰토무 교수 연구팀에서 염료감응 태양전지의 유기금속 염료 대신 사용한 것이 처음이다. 하지만 효율이 2~3% 정도로 매우 낮았으며, 특히 극성용매에 산화-환원종이 녹은 액체 전해질에 페로브스카이트는 몇 분을 견디지 못하고 녹아버리기 때문에 관심을 끌지 못했다. 2년 뒤 한국 성균관대학교 박남규 교수 연구팀에서 효율이 두 배 이상 증가한 6.5% 페로브스카이트 감응 태양전지를 발표하였지만, 액체 전해질을 여전히 사용하고 있었기 때문에 증가한 효율임에도 불구하고 여전히 페로브스카이트가 녹는 문제로 관심을 받지 못했다. 2012년 박남규 교수 연구팀은 액체 전해질 대신 고체 홀전도체를 사용하여 페로브스카이트의 녹는 문제를 해결하였으며, 효율도 상승시킨 9.7%의 고체 페로브스카이트 태양전지 개발에 성공하였다.[50] 태양전지 소자를 500시간 가동하였을 때도 효율 변화가 없는 것을 관찰하여 안정성 문제가 해결되었음을 보여주었다(그림 5). 2012년 발표 이후 전 세계 과학 기술자로부터 관심을 받기 시작하여 페로브스카이트 태양전지 연구가 활발하게 진행되었으며, 그 결과 2023년 26.1%라는 매우 높은 효율의 페로브스카이트 태양전지로 발전하게 되었다.

3) 고효율화에 기여한 주요 기술들

페로브스카이트는 매우 우수한 광전자 특성을 가지고 있다. 또한 할라이드 페로브스카이트는 가전자대가 반결합 특성을 가지고 있기 때문에 결함이 생겨도 전하 트랩을 만들지 않는다. 그럼에도 불구하고, 물질의 그레인바운더리와 필름 표면에서 생성된 결함은 페로브스카이트 태양전지의 전하이동에 불리하게 작용할 수 있다. 따라서 그레인바운더리를 최소화하기 위하여 큰 그레인을 가지는 페로브스카이트 필름 형성이 필요하다. 용액공정으로 만드는 페로브스카이트 필름은 전구체 용액에 사용된 용매가 코팅 과정에서 휘발되면서 빠르게 결정이 형성되기 때문에 일반적으로 작은 그레인을 만든다. 그래서 결정속도

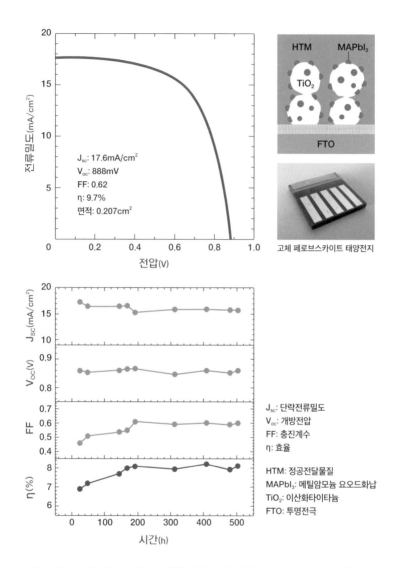

그림 5. 최초 고체 페로브스카이트 태양전지의 전류-전압 그래프(위)와 500시간 구동에 따른 단락전류밀도, 개방전압, 충진계수 및 효율(아래). 전류-전압 곡선 그래프 오른쪽에 있는 것은 실제 고체 페로브스카이트 태양전지 실물 사진(아래) 및 내부 구조 모식도(위)(출처: *Scientific Reports*, 2, 591, 2012).

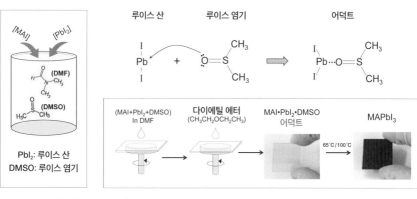

루이스 산   루이스 염기   어덕트

PbI$_2$: 루이스 산
DMSO: 루이스 염기

MAI: 메틸암모늄 요오드화물
PbI$_2$: 요오드화납
DMF: 다이메틸폼아마이드
DMSO: 다이메틸 설폭사이드
MAPbI$_3$: 메틸암모늄 요오드화납

그림 6. 루이스 산-염기 어덕트 중간체를 이용한 페로브스카이트 필름 제조 공정(출처: *J. Am. Chem. Soc.*, 137, 27, 8696-8699, 2015).

를 늦추어 큰 그레인으로 만들기 위해서 어덕트Adduct라는 공법
이 개발되었다. 어덕트는 루이스 산과 염의 반응에 의해 만들어
지는 생성물로 페로브스카이트 전구체에 사용되는 PbI$_2$는 루이
스 산이며, 용매 DMSODimethyl sulfoxide는 루이스 염이다. 또 다
른 용매로 사용되는 DMFDimethylformamide를 코팅 과정에서 에
테르Ether를 이용하여 선택적으로 제거하면 중간체인 어덕트를
얻게 된다. 즉 직접 페로브스카이트 필름을 만드는 대신 중간체
어덕트를 만들어 결정화 속도를 제어하게 되면 그레인바운더리
가 최소화된 고품질의 페로브스카이트 필름을 얻을 수 있고 효

FAPbI$_3$

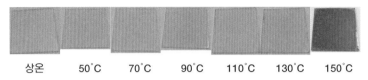

| 상온 | 50°C | 70°C | 90°C | 110°C | 130°C | 150°C |

FA$_{0.9}$ Cs$_{0.1}$ PbI$_3$

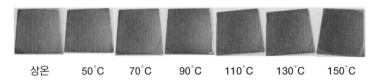

| 상온 | 50°C | 70°C | 90°C | 110°C | 130°C | 150°C |

그림 7. Cs 치환에 의한 FAPbI$_3$ 페로브스카이트 안정화 기술(출처: *Adv. Energy Mater,* 5: 1501310, 2015).

율 상승도 기대할 수 있게 된다(그림 6).

고효율화를 위한 또 다른 방법은 페로브스카이트 조성을 조절하는 것이다. MAPbI$_3$(밴드갭=약 1.55eV)가 초기에 연구되었지만 A-자리에 있는 메틸암모늄 이온을 포름아미디늄FA: Formamidinium, CH(NH$_2$)$_2$$^+$으로 치환하면 밴드갭이 1.47eV로 줄어들어 광전류 생성에 더 유리하게 된다. 하지만 FAPbI$_3$ 페로브스카이트는 공차계수를 계산하면 1보다 크기 때문에 페로브스카이트 상이 상온에서 불안정하다는 문제를 가지고 있다. 안정한 FAPbI$_3$ 결정상을 만들기 위해 FA$^+$ 이온을 이온 반경이 작은 Cs$^+$ 이온으로 소량 치환하게 되면 상온에서도 안정한 페로브스카이트 상을 만들 수 있다(그림 7). Cs$^+$ 이온으로 치환하는 방법 이외에도

만들어진 $FAPbI_3$ 필름에 일정 정도의 압력을 가하게 되면 결정
격자상수가 작아져 공차계수가 1 이하로 되어 안정한 상을 형성
할 수 있다.

페로브스카이트 태양전지 상용화를 위한 연구 방향

1) 열안정성이 우수한 소자구조 개발

페로브스카이트 태양전지가 짧은 기간에 26% 이상의 고효율
이 보고된 것은 상용화에 매우 매력적인 기술임을 시사한다. 초
기에는 주로 효율을 증대하는 연구에 집중하였다면, 최근 연구
동향은 장기 안정화 기술 개발에 초점을 맞추고 있다. 2012년
에 발표된 최초 고체 페로브스카이트 태양전지는 소자를 보호
막 처리Encapsulation하지 않고도 500시간 동안 효율이 안정하게
유지되는 것을 증명하였다. 이는 산화 티타늄 표면에 흡착된 나
노결정 페로브스카이트 표면을 단분자 유기 홀전도체가 완전
히 덮고 있어 외부의 수분으로부터 페로브스카이트를 차단하였
기 때문이다. 이후 진보된 기술은 페로브스카이트를 필름 형태
로 만들기 때문에 수분이나 산소에 대한 안정성이 상대적으로
떨어진다. 따라서 수분, 산소, 온도, 빛에 대한 안정성을 확보하
는 기술 개발이 필요하다. 수분이나 산소로부터 페로브스카이

트 태양전지의 안정성을 확보하기 위해서는 수분과 산소 침투를 막아주는 보호막 기술을 적용하면 될 것이다. 기존의 태양전지 또는 유기 발광소자에 사용하는 보호막 기술을 적용할 수 있으며, 필요에 따라 새로운 물질 및 공정기술 개발이 요구될 수 있다. 수분 및 산소에 대한 안정성 문제보다 더 고도의 기술이 요구되는 부분이 열안정성이다. 페로브스카이트 자체는 태양전지 작동 상한 온도인 85℃에서 안정하다. 하지만 정공 추출에 사용되는 홀전도층의 단분자 홀전도체인 Spiro-MeOTAD 소재는 유리전이 온도가 낮기 때문에 열안정성이 취약하다. 이러한 문제를 해결하기 위해서는 Spiro-MeOTAD 소재 대신 유리전이 온도가 상대적으로 높은 유기물질로 대체하거나, p-형 무기물 반도체로 대체하는 방법이 있을 것이다.

열안정성을 확보하는 두 번째 방법으로 역구조를 제안할 수 있다. 고효율화 기술 개발에 사용된 소자 구조는 nip 정구조이다. 즉 빛이 입사되는 쪽부터 n-형 전자수송층/페로브스카이트/p-형 정공수송층 순으로 적층하는 구조이다. 반면 역구조는 빛이 입사되는 순서가 p-형 정공수송층/페로브스카이트/n-형 전자수송층으로 pin 구조이다(그림 8). 역구조는 정구조에 비해 상대적으로 열안정성이 우수한 것이 장점이다. 하지만 정공수송층으로 사용된 p-형 유기물은 탄소 간 이중결합 특성으로 가시광선 일부를 흡수하여 효율이 nip보다 상대적으로 낮은 것이

nip 정구조

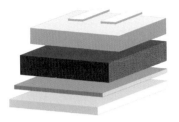

금(Au) 또는 은(Ag)
- 정공수송층(Spiro-MeOTAD)
- 페로브스카이트
- 전자전달층(ETL)
- 투명전극(FTO)

pin 역구조

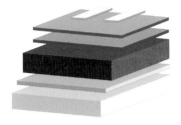

금 또는 은
- 정공/여기자 차단층(BCP)
- 전자수송층(PCBM/C60)
- 페로브스카이트
- 정공수송층(HTL)
- 투명전극

그림 8. 정구조와 역구조 페로브스카이트 태양전지.

단점이었다. 최근에는 계면 엔지니어링과 새로운 소재의 발굴로 역구조에서도 정구조와 유사한 효율이 보고되고 있다. 역구조에서 높은 효율과 장기 안정성이 확보된다면 상업화에 유리한 소자구조가 될 것으로 전망한다.

2) 탠덤화를 통한 초고효율화 기술 개발

단일접합의 페로브스카이트 태양전지 효율은 반도체 밴드갭에 기반한 쇼클리-퀘이서 한계Shockley-Queisser limit 관점에서 볼 때 약 33%가 가능하다. 현재 단일접합 기술로 가장 높은 효율은 GaAs 물질에서 가능하다(29.1%). 페로브스카이트 물질의 독특하고 우수한 광전자 특성을 고려할 때 페로브스카이트 태양전지는

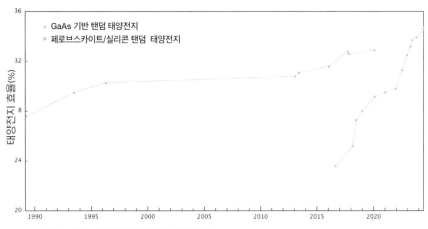

그림 9. 탠덤 태양전지의 연도별 효율 변화(출처: NREL).

GaAs 태양전지보다도 높은 효율이 가능할 수 있다. 단일접합보다 더 높은 효율은 두 개의 태양전지를 수직으로 직렬 연결하는 탠덤 기술로 가능하다. 탠덤 태양전지 설계는 밴드갭이 상대적으로 넓은 광흡수층 태양전지를 빛을 먼저 받게 하도록 맨 위에 설치하고Top cell 밴드갭이 좁은 광흡수층을 갖는 태양전지를 아래에 놓는Bottom cell 방법이다. 이때 위아래 태양전지는 같은 광전류가 나올 수 있도록 설계한다. 마치 건전지를 직렬 연결할 때와 유사하다. 2024년 4월 LONGi 태양전지 기업이 실리콘 태양전지를 하부소자Bottom cell로 하고 페로브스카이트 태양전지를 상부소자Top cell로 하는 탠덤 기술에서 34.6% 효율을 인증받았다(그림 9). 이는 지금까지 알려진 두 개의 태양전지를 탠덤화하는 기술에서 최고 효율인 32.9%(GaAs 기반 탠덤화 기술)를 뛰어넘는 세계 최고 효율이다. 페로브스카이트 태양전지의 우수성이 탠덤 기술에서도 증명된 것이다. 또한 한계에 이른 실리콘 태양전지 기술의 돌파구를 페로브스카이트 태양전지가 열어준 셈이다.

페로브스카이트 태양전지 전망

기술의 불연속성[51]과 혁신확산이론[52]에 의하면, 기존 기술이 성장기를 지나 점진적으로 변화할 때 성능 면에서 우수하지 않은 새로운 기술이 등장하게 되고 기존 기술과 신기술 간에 기술의 불연속성이 나타나고 새로운 기술은 혁신적인 기술로 진화할 가능성이 있다. 이러한 기술은 궁극적으로 기존 기술을 대체할 수 있기 때문에 와해성 기술Disruptive technology이라고도 한다. **그림 3**과 **그림 9**의 성능 변화를 보면 페로브스카이트 태양전지는 기존 기술과 성능 면에서 기술 불연속성을 가지면서 초기 성능은 기존 기술보다 낮았지만, 빠르게 기존 기술을 상회하는 양상을 띠고 있다. 이를 통해 페로브스카이트 태양전지 기술이 태양전지 시장에서 가장 큰 점유율을 차지할 것으로 예측된다. 전 세계적으로 산업 동향을 살펴보면, 기존 실리콘 태양전지 기업들이 페로브스카이트 태양전지를 이용한 탠덤 기술로 전환하고 있다. 즉 페로브스카이트/실리콘 탠덤 태양전지의 상용화가 기대되고, 탠덤화 기술이 시장에 나와 기존 단일 실리콘 태양전지 기술을 빠르게 대체해 나갈 것으로 예측된다. 탠덤 기술이 시장에서 성숙화될 무렵 페로브스카이트 태양전지는 고효율화와 안정성을 모두 확보하면서 새로운 와해 기술로 시장에 등장할 것으로 기대된다. 페로브스카이트 태양전지는 고효율을 유지하면서 유연하고 가볍게 만들 수 있는 장점을 가지고 있다. 이것은 다른 태양전지 물질로는 어려운 기술이다. 가볍고 유연하면서 높은 효율을 이용하면 인공위성용 태양전지나 이동전원으로도 응용성을 확장할 수 있을 것으로 예상된다.

기후위기를 극복하고 탄소중립을 이루는 데 태양전지 기술은 필수적이다. 탄소중립을 위해서는 더 높은 효율의 태양광 발전 시스템이 필요하다. 넷제로 2050의 목표 달성과 화석연료의 전환이 요구되는 시점에서 등장한 페로브스카이트는 이러한 문제를 해결하는 데 매우 시의적절한 기술로 판단된다. 와해성 기술로 새롭게 등장한 페로브스카이트 태양전지는 지상의 대규모 발전시설뿐 아니라 항공우주에까지 응용가능하기 때문에, 사회뿐만 아니라 학계와 산업체는 페로브스카이트 태양전지에 주목할 필요가 있다.

3   탄소중립의 게임체인저
— CCU 기술

이영국 한국화학연구원장

    탄소 포집·활용·저장CCUS 기술은 석유, 석탄, 천연가스 등의 화석연료를 사용하는 과정에서 발생한 이산화탄소를 포집하여 대기 중에 배출하지 않고 부가가치가 높은 화학물질로 전환하거나 육상 또는 해양 지중에 영구 저장하는 기술을 총칭한다. 이 중에서 부가가치가 높은 화학물질로 전환하는 기술만을 따로 탄소 포집 및 활용CCU 기술이라고 부른다.

    인류의 삶에 대한 지속가능성과 기후변화에 대한 우려가 전 세계적으로 확대되면서 '온실가스 배출을 어떻게 감축할 것인가?'가 중요한 글로벌 이슈로 대두되고 있다. 산업활동, 에너지 생산, 수송, 건물 등 다양한 분야에서 발생하는 이산화탄소 배출

탄소중립의 게임체인저 — CCU 기술   **155**

은 지구온난화 및 기후변화의 핵심 원인이며, 이에 따라 국제사회는 지속가능한 에너지 및 환경 관리에 대한 새로운 해결책을 찾고 있다.

이러한 배경 속에 CCU 기술은 이산화탄소를 효과적으로 포획하고, 그것을 다양한 화학제품 또는 에너지로 전환하여 지속가능한 미래를 위한 혁신적인 대안을 제공할 수 있을 것으로 기대된다. CCU의 주요 목표는 환경 보호와 함께 에너지 및 산업 부문의 지속가능성을 증진하는 데에 있다. 탄소 포집 및 저장 CCS 기술과는 달리, CCU는 포집한 이산화탄소를 유용한 제품으로 전환하는 새로운 패러다임을 제시하고 있다. CCU는 또한 '2050 탄소중립' 달성에 필수적인 해법이며 화석연료 의존도 감소, 산업 프로세스의 탄소중립화, 에너지 생산의 지속가능성 향상 등에서 중요한 역할을 할 것으로 기대된다. 지속가능한 미래를 위해 CCU 기술의 적극적인 개발이 필요하며, 이를 위해서는 기존의 에너지 및 산업 체계에 대한 변화와 혁신이 요구된다.

CCU 기술 개요 I: 포집 기술

이산화탄소 포집 기술은 대기 중 또는 발생원(제철소, 정유공장, 화력발전소 등)에서 이산화탄소를 효과적으로 포집하는 기술로 저장 또는 활용 기술을 적용하기 전에 필요한 기술이다. 이산화탄소 포집 기술은 크게 물리적 포집, 화학적 포집 그리고 생물학적 포집으로 분류된다.

물리적 포집에는 흡수체Adsorbent를 활용한 포집 기술과 분리막을 활용한 포집 기술이 있다. 흡수체란 이산화탄소를 흡수하는 물질을 의미하며, 기체 상태인 이산화탄소를 포집하는 데 사용된다. 주로 실리카Silica 기반 물질이나 금속 유황 기반의 흡수체가 적용된다. 이 기술은 특히 낮은 온도 및 압력에서 효과적으로 작동하며, 흡수체의 재생을 통해 이산화탄소를 지속해서 분리할 수 있다. 분리막을 이용한 포집은 다양한 형태의 분리막을 사용하여 이산화탄소를 분리하는 방법으로 주로 선택적 투과성을 가진 고분자 또는 금속 기반의 분리막이 사용된다. 이 기술은 에너지 소비가 상대적으로 낮고, 작은 규모의 설비에서 적용하기 용이하다.

화학적 포집은 이산화탄소를 특정한 화합물과 반응시켜 고체 또는 액체의 형태로 변환하여 포집하는 방법이다. 다양한 종류의 용매를 사용하여 고농도의 이산화탄소를 흡수할 수 있는데, 대표적인 화학적 포집 용매로는 암모니아계 용매와 아민Amine 계 용매 등이 있다.

생물학적 포집은 균류나 식물을 이용하여 이산화탄소를 흡수하고 저장하는 방법을 의미한다. 균류나 식물은 광합성 과정을 통해 이산화탄소를 흡수하고 포집한다. 하지만 이 기술은 현재는 초기 개념 연구 단계에 있으며 산업에 적용할 수 있는 규모로 확장하기 위해서는 풀어야 할 난제들이 남아 있다.

이산화탄소 포집 기술은 대기 중의 온실가스를 감소시키는 데 중요한 역할을 한다. 특히 산업 분야에서의 이산화탄소 배출을 효과적으로 제어함으로써 기후변화에 대한 대응과 지속가능한 에너지 생산에 기여할 것으로 기대된다. 각 기술은 특성에 따라 장단점이 있어, 응용 분야나 운전 조건에 맞게 선택해야 한다.

CCU 기술 개요 II: 활용 기술

활용 기술은 포집한 이산화탄소를 유용한 화학제품이나 다양한 형태의 에너지로 전환하는 지속가능한 기술들의 집합을 총칭한다. 다양한 분야에서 이산화탄소를 활용함으로써 대기로 배출되는 온실가스의 양을 감소시킬 수 있는데 화학물질 생산, 전력망 안정, 바이오매스 활용, 광물화 등이 활용 예이다.

화학물질 생산은 이산화탄소를 중간 화합물로 변환한 후 다양한 화합물을 생산하는 기술이다. 대표적으로 이산화탄소를 이용하여 메탄올, 메탄, 포름알데히드, 아세트산 등의 화합물을 생산하는 화학공정이 있다.

전력망 안정 측면에서는 CCU 기술을 태양광 및 풍력 발전 기술과 융합하여 재생에너지의 간헐성을 보완할 수 있고, 이산화탄소를 화합물로 전환하여 에너지 저장 장치에 사용함으로써 에너지 저장 문제를 해결하는 데 기여한다.

이 외에도 바이오매스와 결합하여 이산화탄소를 산업에 활용이 가능한 유기물로 전환하는 기술과 이산화탄소를 산화칼슘과 같은 무기물과 반응시켜 건축자재 등으로 활용할 수 있는 탄산칼슘으로 변환하는 광물화 기술 등이 있다.

석유화학산업과 CCU 기술

우리나라 석유화학산업은 철강산업 다음으로 온실가스 배출량이 많은 제조업이지만(그림 1) 현재 석유화학산업의 에너지 효율은 매우 높아 추가적인 이산화탄소의 감축이 매우 어려운 상황이다. 다가오는 미래에 추가 감축을 위해서는 나프타와 같이 우리의 삶에 필수적인 화학물질을 화석연료가 아닌 다른 물질에서 수급해야 한다. 그리고 2030 국가 온실가스 감축목표NDC[53]에 따르면 우리나라에서 CCU가 담당해야 할 감축량은 640만 톤으로[54] 전체 감축량의 2.2%에 해당하는 양이지만 기술적 난이도와 시장 성숙도를 고려하면 매우 도전적인 수치이다.

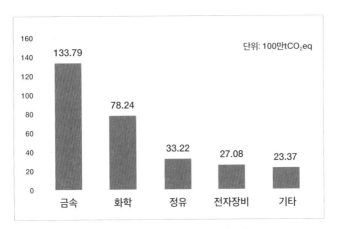

2022 산업 부문 온실가스 배출량 통계

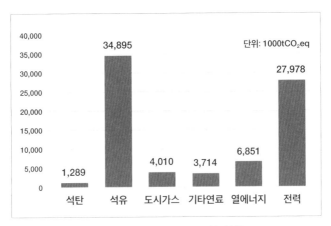

2022 화학 분야 온실가스 배출 현황

그림 1. 온실가스 배출량 통계(출처: 한국에너지공단, 〈산업 부문 업종별 에너지 사용 및 온실가스 배출 현황〉).

　전 세계 석유화학산업계가 CCU 기술에 주목하는 이유는 화석연료처럼 나프타를 생산하는 과정에서 이산화탄소가 발생하지 않고 이미 포집된 이산화탄소를 활용한다는 점 그리고 재생에너지의 낮은 에너지밀도와 변동성 등의 한계를 보완할 수 있다는 점 등 일거양득의 효과가 있기 때문이며, 이러한 이유로 2050 탄소중립 달성을 위해 CCU 기술은 선택이 아닌 필수이다.

석유 중심 화학산업을 탄소중립형 화학산업으로 전환하기 위해서는 에너지원의 전환(화석연료→신재생에너지), 원료의 전환(석유→친환경 원료), 공정 효율화가 필요하며, 탄소중립 달성 이전 과도기적 기술로는 석유 사용의 효율성을 극대화하는 기술 개발이 필요하다.

한국화학연구원의 탄소중립 및 CCU 기술

한국화학연구원KRICT은 석유화학산업의 패러다임 전환을 위해 필수 핵심 원천기술들을 개발하고 있으며, 일부 기술은 기업에 이전하여 상용화 성과 도출을 통한 온실가스 감축 기여에 노력하고 있다. 특히, 화학공정의 친환경 전환을 위해 석유화학 공정 전환, 화학적 전환, 부생가스 전환, 폐플라스틱 리파이너리, 바이오 리파이너리, 수소 제조·운송·저장, 디지털 전환 등 7개 기술 분야를 집중적으로 개발하고 있다.

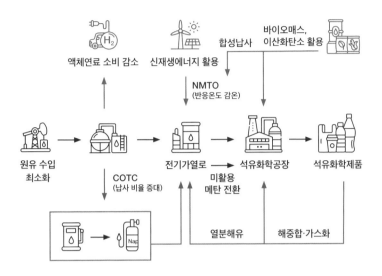

그림 2. 화학산업의 탄소중립 공정(안)(출처: 한국화학연구원).

1)석유화학 공정 전환(NMTO, COTC, 전기로): 온실가스 배출의
주요 원인인 나프타 열분해 공정을 전기로 공정으로 전환하는
연구를 수행하고 있다. 단, 나프타 분해 공정의 전환은 석유화학
업체에서 기술 부족, 공정 전환 비용 부담, 기존 사업 중단에 의
한 수익 문제 등으로 인해 빠르게 도입하기 어렵기 때문에, 과도
기적 기술로 NMTO[55] 공정과 COTC[56] 기술을 도입하는 연구도
같이 수행하고 있다.

2)이산화탄소의 화학적 전환(CCU): 배출된 이산화탄소를 포
집하여 유용한 화학물질로 전환하는 연구를 수행하고 있다. 온
실가스 배출의 즉각적인 중단이 어려운 산업 분야에서 온실가

스 감축 기술로 활용할 수 있으며, 석유를 대체하는 신규 탄소원
으로 이산화탄소를 활용하는 기술이다.

3)부생가스 전환(C1 전환): 기존에는 공정 중 발생하는 부생가
스를 연소하여 무해한 이산화탄소로 전환하는 무해화 과정 후
대기 중에 배출하였으나, 부생가스 내에 다량 포함된 메탄CH_4은
이산화탄소보다 높은 지구온난화지수를 지닌다(GWP[57]: 이산화탄
소=1, 메탄=21). 따라서 부생가스 자체를 활용하는 방향으로 기술
전환을 추진하고 있다.

4)폐플라스틱 리파이너리(해중합): 이미 활용된 석유화학 자
원인 폐플라스틱을 재활용하여 순환시키는 기술이다. 물리적
재활용의 경우, 재활용 과정이 진행될수록 물리적 성능이 저하
되고 활용 가능처가 줄어드는 문제가 있다. 그에 반해 폐플라
스틱 리파이너리는 화학적 재활용(가스화, 열분해, 해중합) 기술을
적용해, 새 플라스틱으로서 완전한 재활용이 가능하게 하는 기
술이다.

5)바이오 리파이너리(촉매 전환): 바이오매스를 활용하여 석유
자원을 대체하는 물질을 만드는 기술이다. 바이오매스는 대기
중 이산화탄소를 이용하기 때문에 바이오매스가 연소로 이산화
탄소로 전환돼도 공기 중 이산화탄소가 다시 돌아가는 개념이
기 때문에 탄소중립형 탄소원으로 활용 가능하다는 장점이 있
다. 단, 바이오매스의 화학적 구조 문제로, 기존 화학 원료와는

다른 형태의 원료인 젖산, 글리세롤 등으로 만들어진 새로운 제품의 구상이 필요한 상황이다.

6)수소 제조 · 운송 · 저장(수전해, 운송, 저장): 수소는 무탄소 에너지원이자 연소 시 부산물이 물인 청정에너지원이다. 다만 수소의 물리적 특징으로 인해 수송 · 운송 과정에서 어려움이 있으며, 이를 해결하기 위한 기술로 액상유기수소운반체Liquid Organic Hydrogen Carrier(LOHC)와 암모니아 수소 생산 기술 등이 있다. 또한 수소 생산 단가를 줄이기 위해 수전해 효율 증대 기술 개발이 필요하므로 이 분야의 연구 또한 수행하고 있다.

7)화학산업 디지털 전환(DX 기술 실증): 화학산업은 대량 생산 및 보수적인 산업 특징으로 디지털 전환Digital transformation, DX 적용에 어려움이 있다. 하지만 향후, 화학산업의 온실가스 저감 및 탄소중립형 원료나 신공정 도입 등을 대비하여 소재-장치-공정에 이르는 디지털 전환이 필요하므로 이 분야의 연구를 수행하고 있다.

2030년까지는 재생에너지 보급이 충분하지 않을 것으로 예상되므로 기존 석유화학 공정의 저에너지 · 효율화 기술 및 발생하는 온실가스 감축 기술[58] 도입이 필요하며, 이후에는 원활하게 보급되는 재생에너지를 활용하여 온실가스를 대량 감축할 수 있는 기술[59] 개발이 필요하다.

한국화학연구원 대표 CCU 연구

발전소 배가스 이산화탄소 포집 기술 실증

발전소 배가스 이산화탄소 포집 기술은 에너지 교환형 이산화탄소 포집으로 기존의 습식 포집 방식이 아닌 건식 포집 방식이다. 현열[60] 저감률이 50%에 달하는 건식 포집 공정 원천기술과 아민계 흡수제를 활용해 0.5MW급[61] 유동층 기반 건식 이산화탄소 포집 파일럿 실증 기술이 핵심이며 이 기술은 상용화를 목전에 두고 있다.

대구 열병합석탄화력발전소를 실증 대상으로 하여, 0.5MW급 건식 기반 이산화탄소 포집 실증 설비 1,000시간 연속 운전 기록을 보유하고 있다. 아민 고체 흡수 소재와 고체 간 열교환기 유동층 공정 기술 실증 운전을 통한 공정 운전 및 설계 기술을 확보하였다. 또한 판형 현열 교환기를 이용한 현열 저감($\Delta T=80 \rightarrow 40^{\circ}C$) 기술을 통해 포집 에너지 저감 및 건식 포집 공정 원천기술을 개발하였고 이에 대한 미국, 유럽 지적재산권을 확보한 바 있다. 본 기술은 기존 건식 공정 대비 이산화탄소 포집 에너지가 30% 정도 감소 가능할 것으로 기대되며, 발전소 배출가스 외 산업계 이산화탄소 배출원에도 적용 가능하다.

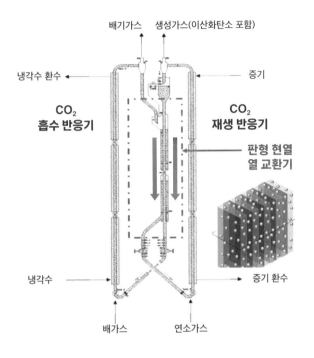

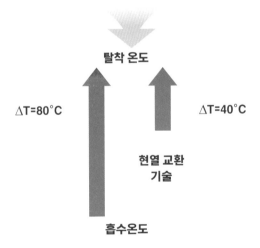

그림 3. 아민계 흡수제를 기반으로 한 유동층 기반 현열 저감 기술(출처: 한국화학연구원).

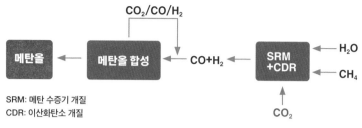

SRM: 메탄 수증기 개질
CDR: 이산화탄소 개질

그림 4. 복합개질 반응 개요.

이산화탄소 활용 메탄올 제조 기술 실증

이산화탄소 활용 메탄올 제조 기술(그림 4)은 이산화탄소와 메탄을 원료로 하여 메탄올을 제조하는 매우 뛰어난 기술로, 2015년 현대오일뱅크와 하루 10톤 규모의 메탄올을 생산할 수 있는 실증에 성공하였다. 1톤의 메탄올을 생산할 때 이산화탄소 배출량을 0.2톤 감소시키는 원천기술이며 국내 미활용 가스자원인 부생가스, 바이오가스, 매립지 가스 등을 원료로 활용할 수 있는 우수한 기술이다.

온실가스 감축형 합성가스 및 초산 제조 기술 실증

온실가스 감축형 합성가스 및 초산 제조 기술은 이산화탄소와 메탄을 반응시켜 합성가스SynGas, CO+H₂를 생산하는 건식 개질 기술로, 높은 수준의 안정성을 가진 촉매 기술과 촉매 맞춤형 공정 설계 및 최적화로 100% 국산 플랜트를 확보하였다. ㈜부흥산업사로 기술이 이전되어 2023년에 울산 지역에 연 8,000

톤 규모의 일산화탄소CO 생산 플랜트를 완공했다. 합성가스는 몇 단계의 공정을 거치면 다양한 화학원료 및 플라스틱 소재[62]를 생산할 수 있는 석유 대체 가능성이 높은 핵심 물질이다. 파일럿 규모에서 제조된 합성가스를 활용해 초산, 메탄올을 제조하는 등 응용 확대를 위한 준비도 지속적으로 진행 중이다. 기존 화석연료 기반의 합성가스 생산 기술 공정에 대비하여 우수한 이산화탄소 저감 효과를 가지고 있고 일산화탄소 1톤당 1.053톤 이산화탄소 배출 저감이 가능할 것으로 기대하는 신기술이다.

바이오매스 및 이산화탄소 동시 전환을 통한 플랫폼화합물 제조 실증

바이오매스 및 이산화탄소 동시 전환을 통한 플랫폼화합물 제조 기술을 통해 폐글리세롤과 이산화탄소로 바이오플라스틱 원료인 젖산 유도체와 수소를 동시에 생산할 수 있다. 이는 1)생분해성 바이오플라스틱 원료인 젖산 및 이산화탄소 유래 포름산 유도체의 저에너지 연속 분리·정제 기술, 2)저활용 바이오매스로부터 고급 유기산 및 알코올 동시 제조 플랫폼 화학 기술, 3)바이오매스로부터 확보한 그린 수소와 이산화탄소를 반응시켜 포름산 등의 플랫폼화합물로 전환하는 기술이자 글리세롤 탈수소화 불균일 촉매 기술이다.

해당 기술은 불순물이 다량 있어도 뛰어난 촉매 반응 성능을 보이며, 분리막Membrane 분리 기술로 폐기물을 극소화하여 온실가스를 저감하는 등 친환경성을 극대화하고 있다. 기존 균주를 활용하는 젖산 제조 기술 대비 경제성과 온실가스 배출 저감 모두 우수하게 나타나며, 연속 공정화 및 혁신 반응분리기술 실증 진행 중이다. 기존 발효 공정 대비 최대 30%의 이산화탄소 저감과 글리세롤 1톤당 이산화탄소 0.4톤을 저감할 수 있을 것으로 기대되며, 2023년 기준 국내 바이오 디젤 부산물로 생산되는 연 7만 톤의 글리세롤로부터 젖산 5만 톤 및 포름산 2.5만 톤 생산이 가능할 것으로 기대한다.

한국화학연구원의 탄소중립 플랫폼 전략 소개

우리 한국화학연구원에서 좀 더 포괄적으로 탄소중립을 위해 진행하고 있는 몇 가지 플랫폼 전략에 대해서 소개하겠다.

플랫폼 전략 I: 탄소중립화학공정실증센터

한국화학연구원은 탄소중립 화학기술의 상용화 촉진 및 탄소중립의 주체인 기업의 탄소중립 기술 도입 촉진을 위한 지원 플랫폼을 운영하고 있다. 원천기술이 실제 산업에 적용되기 위해서는 실증 연구를 전문적으로 지원하는 공공 플랫폼이 필요하

그림 5. 탄소중립화학공정실증센터 조감도(출처: 한국화학연구원).

며, 탄소중립 신기술의 상용화를 위해서는 실증 규모의 검증 시
설과 공동 활용이 가능한 부지·설비·전문인력이 필수적이다.

　이에 한국화학연구원은 여수 국가산업단지 인근에 화학 분야
에서 국내 유일의 연구개발 실증 조직인 탄소중립화학공정실증
센터 설립을 추진하여 지역조직 설치를 승인받았다. 본 실증센
터는 화학촉매제조실증센터와 CCU실증지원센터로 구성되며,
장기적으로 연구 인력 40여 명이 상주해 연구개발과 기업 실증
지원 등 업무를 수행할 예정이다.

　탄소중립화학공정실증센터 구축을 통해 탄소중립형 화학 기
술 및 산업 수요 맞춤형 화학소재 실증 양산화 기술 개발, 실증

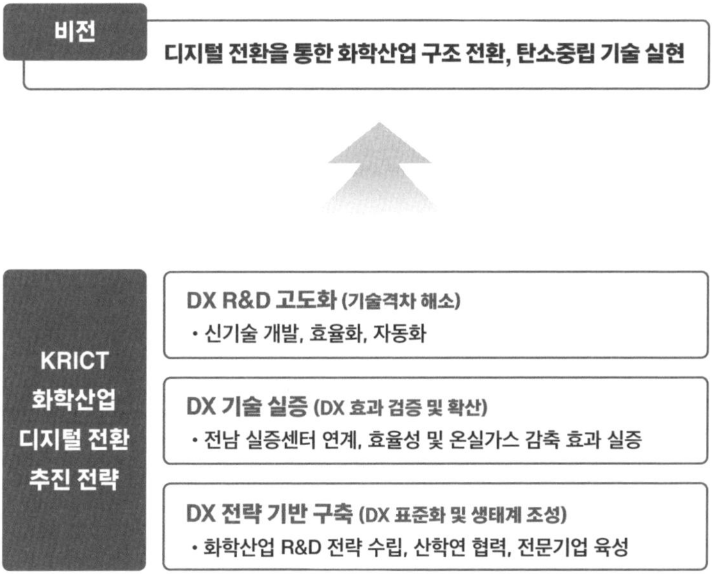

| 비전 | 디지털 전환을 통한 화학산업 구조 전환, 탄소중립 기술 실현 |

KRICT 화학산업 디지털 전환 추진 전략	**DX R&D 고도화 (기술격차 해소)** · 신기술 개발, 효율화, 자동화
	DX 기술 실증 (DX 효과 검증 및 확산) · 전남 실증센터 연계, 효율성 및 온실가스 감축 효과 실증
	DX 전략 기반 구축 (DX 표준화 및 생태계 조성) · 화학산업 R&D 전략 수립, 산학연 협력, 전문기업 육성

그림 6. 한국화학연구원 화학산업 디지털 전환 추진 전략(출처: 한국화학연구원).

지원 등을 추진하고 탄소중립 기술 상용화를 위한 핵심 역할을 수행할 계획이다.

플랫폼 전략 II: 디지털 전환 전략 허브

화학산업 디지털 전환 연구개발 고도화를 통한 기술격차 해소 및 실증을 통한 효과 검증에 힘쓰고 있다. 또한 표준화 및 생태계 조성을 통해서 화학산업의 디지털 전환을 촉진하고 있다.

플랫폼 전략 III: 탄소중립 협력 네트워크 운영(간사 기관)

청정메탄올 이니셔티브를 구성하여 유관 부처, 지자체 및 협회 등 67개 기관 간 상호 협력체계를 구축하였다. 국내외 청정메탄올 산업 전주기 공급망 구축 및 생태계 조성을 목적으로 정부, 지자체, 협회, 연구기관 등 청정메탄올 산업 생태계 구축에 관계 기관들이 참여할 수 있도록 구성하였다. 초기에는 탄소중립녹색성장위원회와 정부가 주도하였고, 이후에는 민간 차원에서 주도할 수 있도록 운영 및 협력체계를 구성하였다.

2022년에는 화학산업 탄소중립을 위하여 20개의 화학산업계 기업 연구소와 탄소중립 화학 기술 연구협의체를 출범했다. 2050 탄소중립 목표 달성을 위해, 화학산업계의 탄소중립 신기술 도입 고충을 해결하고 연구 주체 간의 밀접한 협력 및 대정부 소통 창구를 마련하는 것을 목표로 활동 중이다.

또한 정부 출연 연구기관 CCUS 협의체를 구성하여 이산화탄소 포집·저장·활용 통합연계, 탄소자원화, 산업현장 탄소 활용 등에서 총 8개 기관의 역할 분담 및 협력을 유도하고 있으며, 온실가스 처리 통합 기술 개발로 지속가능한 발전에 기여를 공동미션으로 학술 세미나 개최, 융합 과제 공동 기획 등을 수행하고 있다.

우리나라 CCU 기술의 성공을 위한 제언

우리나라가 2018년 온실가스 배출량 대비 40% 감축을 목표로 하는 2030 NDC와 2050 탄소중립을 달성하기 위해서는 정부에서 CCU 기술을 선택이 아닌 필수 기술로 지정하고 연구개발에 집중적인 투자를 해야 한다. 6년 남짓 남은 2030년까지 우리나라는 CCU 기술을 통해 640만 톤의 이산화탄소를 저감해야 하며, 이를 위해 산학연관의 연구 역량을 결집해야 할 때이다. 뿐만 아니라 EU는 탄소국경조정제도CBAM를 도입하여 우리나라의 수출기업에 공격적인 과세[63]를 부과할 것으로 예상된다. 탄소조정국경제도는 제품 생산 전주기의 탄소 배출 여부를 판단하므로 국내 발생과 배출 여부를 기준으로 하는 NDC보다 근본적인 감축이 요구되고 있다.

우리나라 CCUS 기술은 세계 최고 기술 보유국인 미국 대비 약 80% 수준이지만 한국화학연구원을 포함한 8개 정부 출연 연구기관은 CCUS 협의체를 구성하여 기관 간 협력을 통해 상용화 실증 연구를 추진 중이다. 이제는 단위 기술 확보가 아닌 원료 공급부터 최종 제품까지 생산하는 통합단지 구축, 시설·인력의 공동 활용이 가능한 국가 통합실증센터 구축, 신재생에너지 연계 CCU 산업 육성 등에 모든 정책 역량과 연구 역량을 집중해야 할 때라고 생각한다.

또한 CCU는 기술의 성숙도가 아직 낮은 단계라 현시점에서 기업의 참여를 유도하기보다는 한국화학연구원과 같은 국책 연구기관에서 실증 단계까지 연구개발을 주도하고 어느 정도 실증 기술이 개발되면 기업이 참여하는 방식의 정책이 필요하다. 연구기관의 의지와 정부의 지속적인 관심과 지원이 CCU 기술의 성패를 결정하는 주요 요인으로 작용할 것으로 생각한다.

4 탄소중립 비전과 대한민국의 새로운 기회

대한민국이 나아가야 할 5가지 방향

남기태 서울대학교 재료공학부 교수

탄소중립 달성을 위한 대한민국의 전략은 무엇인가? 전략이라고 함은 시기에 따라 바뀔 수 있고, 탄소중립의 경우 단일 전략이 있을 수 없다. 이 글을 쓰고 있는 2023년 12월 기준 상황에서 생각하는 우리나라의 탄소중립 전략에서 과학기술의 역할을 중심으로, 가지고 있던 작은 생각을 정리하여 공유하고자 한다. 전략이라고 하는 단어의 무게감 속에서 어떤 내용을 담을까 하는 고민이 더해갔지만, 과학자로서 고민하고 있는 내용과 아이디어를 공유한다는 면으로 범위를 한정했고, 이 장을 읽는 분들이 미래를 준비하는 데 도움이 되었으면 한다.

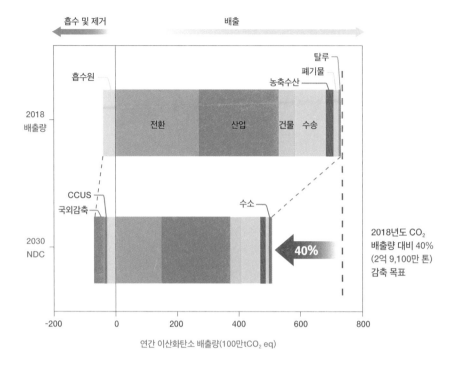

그림 1. 우리나라의 2030 NDC.

우리나라 온실가스 배출량은 2018년에 7억 2,800만 tCO_2eq[64] 이었다. 우리나라는 이 중 40%를 2030년까지 줄여 4억 3,700만 tCO_2eq만을 배출하겠다고 국제사회에 약속했다.[65] 2023년 3월, 2050 탄소중립 녹색성장위원회의 발표안에 따르면, 이 중 에너지 전환과 관련된 부분에서 약 1억 2,000만 tCO_2eq을 줄이는 것이 우리의 계획이다. 석탄 발전의 비율을 낮추고, 태양광 발전, 풍력 발전 등 신재생에너지 비율을 높이고, 무탄소 발전을 위한 원자력 발전을 점진적으로 늘리는 것이 필요하다. 이런 정책적인 방향은 2023년 12월 13일에 발표된, COP28 합의문에서도 발견된다.

화석연료에너지의 비율을 줄인다는 것은 무엇을 의미하는가? 단기적으로는 우리나라의 상황에서는 전기료가 오른다는 것을 뜻한다. 신재생에너지 발전이 우리나라에서는 발전단가가 높다. 그렇다고 원자력 발전의 비율을 높이기 위해서 추가로 원자력 발전소를 증설 또는 신축하는 것은 사회적 합의가 필요하다. 참으로 어려운 문제가 아닐 수 없다.

액화천연가스LNG와 석탄 등의 에너지 가격이 안정되면서, 전력 도매가격이 낮은 수준으로 내려왔지만, 한국전력공사의 적자 규모는 45조 원에 달하고 있어, 2023년에 이루어진 산업용 전기요금 인상에 이어 추가 요금 인상이 불가피한 것처럼 보인다. 다른 나라에 비하여 굉장히 낮은 가정용 전기요금의 인상도 불가피할 것이다. 실제로 산업용 전기요금은 2년에 걸쳐 30% 넘게 올렸는데 2023년 11월에만 무려 6.9% 인상했다. 이렇게 전기요금이 인상된다면 자연스럽게 전기 소비량이 줄면서, 온실가스 발생량 감축에 이바지할 수 있겠지만 산업 경쟁력에 문제가 될 뿐 아니라, 결국에는 소비자에게 그 비용이 전가될 수 있다. 철강업계에 따르면, 전기요금이 kWh당 1원이 인상될 경우 연간 원가 부담이 200억 원가량 오른 것으로 추산했다. 비철금속 제련 등에는 전기가 훨씬 더 많이 사용되어서, 그 상황이 심각하다. 이와 같은 상황이 탄소중립사회를 준비하는 우리가 마주할 어려움의 한 예시이다.

탄소중립사회라고 함은 전기를 기반으로 하는 사회를 의미하고, 이는 깨끗한 전기를 어떻게 공급받을 것이냐를 뜻한다. 그런데 깨끗한 전기는 지금의 기술로는, 특히 우리나라의 상황에서는 가격이 비싸다는 것이 문제이다. 탄소중립사회에서는 필연적으로 전기의 사용량이 늘어날 것이고 지금의 제도와 시스템에서는 경제적인 비용이 증가될 수밖에 없을 것인데, 이러한 경제적인 비용 증가에 대해 우리 사회가 적절한 합의를 만들어가는 것이 중요하다. 그런 측면에서 과학기술의 역할과 전략에 대해서 생각해보았다.

가치 창출로서의 과학기술

현재 우리나라는 앞 장에서 나온 대로 지난 2015년 '온실가스 배출권의 할당 및 거래에 관한 법률(배출권 거래법)'을 실행해 배출권 거래제를 온실가스 배출량을 조정하는 수단으로 활용하고 있다. 그런데 2023년 12월 기준 톤당 약 9,000원 수준으로, 유럽의 배출권 가격인 톤당 약 3만 원 수준에 비하면 현저히 낮다.

한국의 탄소중립을 위한 에너지 전환과 노력

이렇게 배출권 가격이 낮다 보니, 기업들이 직접 감축에 힘을 쏟을 유인이 적다. 실제로 2023년 여름까지의 배출권 매각 수입이 400억 원대에 머물렀고 이는 원래 목표의 10%밖에 되지 않는 수치이다. 이처럼 탄소 배출권 시장 본연의 목적이 제대로 작동되지 않고 있는데, 자발적인 거래 활성화를 위한 정책이 세워져서 기업이 직접 감축할 수 있는 유인책이 마련되어야 할 것이다. 이렇게 되면 결과적으로 친환경 산업도 활성화될 수 있다.

여기서 우리나라가 2030년까지 감축해야 할 이산화탄소 3억 톤을 지금의 탄소 배출권 시세로 계산하면 약 3조 원 규모이고, 유럽의 시세로 계산한다면 약 30조 원의 규모이다. 그런데 만일 3억 톤의 이산화탄소를 전부 다 포집을 한다면 어느 정도 비용이 들까? 1톤당 포집 비용이 약 $100라고 긍정적 가정을 기반으로 계산한다면, 이 역시 30조 원의 규모이다. 여기에 추가로 포집한 이산화탄소를 처리하는 비용이 더해져야 한다. 이처럼 우리나라가 2030년까지 줄여야 할 이산화탄소를 배출권 가격으로 계산하거나, 포집 비용으로 계산하였을 때 굉장히 큰 사회적 비용이 든다는 것을 알 수 있다.

이런 측면에서 혁신기술의 역할이 중요해진다. 앞서 본 것처럼 이산화탄소 배출 자체가 선형적으로 비용을 증가시키는 상황에서는 사회적 기회비용이 매우 크고 규제로 이산화탄소 배출을 억제하는 것에는 한계가 있다. 이러한 선형적 관계를 벗어나, 새로운 가치 창출의 방정식을 만들어갈 수 있는 것이 혁신 기술이라고 본다. 혁신기술의 개발은 기하급수적인 파급효과를 만들어서, 이산화탄소를 적게 배출하거나 이산화탄소를 저비용으로 처리하는 새로운 방법을 만들어낼 수 있다. 혁신기술의 중요성은 2023년 COP28의 합의문에서도 언급되었는데 전 세계가 혁신기술만이 탄소중립사회를 달성하게 할 수 있다는 공감대가 있기 때문이다. 물론 이런 공감대의 이면에는, 지금의 기술로 탄소중립을 달성하기에는 어렵다는 사실도 어느 정도 내포되어 있다. 만약 경제적인 가치를 만드는 데에 이바지할 수 있는 기술들이 개발된다면 선순환적 시장이 만들어질 것이고, 그러면 자발적인 탄소 감축 활동들이 일어날 것이다. 이런 기술들을 이용해 우리나라뿐만 아니라 온 인류가 탄소중립이라는 명확한 목표를 주어진 기간 내에 달성해내겠다고 설정한 때가 있었을까? 그야말로, 우리 과학자들에게 명확하게 주어진 임무 같다는 생각이 든다.

미·중 패권 경쟁 속 탄소중립을 위한 과학기술의 의미

현재 미국과 중국의 패권 경쟁에서 대표적으로 반도체 분야에서는 미국의 반도체 특별법CHIPS Act과 더불어 반도체 관련된 여러 규제 조항 등이 만들어졌고, 중국에서 최첨단 반도체를 만드는 것을 제한하였다. 반도체의 사양에 대한 규제가 매우 구체적으로 설정되었고, 일본·대만·네덜란드 등과 함께 강력한 기술 규제가 이루어졌다.

반도체 특별법과 함께, 인플레이션 감축법IRA이 2022년 8월에 미국에서 시행되었다. 인플레이션 감축법이라고 이름이 만들어졌지만, 기후변화 대응을 위한 친환경 에너지와 친환경 산업 전환을 위한 법안이다. 이것이 법안으로 만들어진 이유는 법제화를 통하여, 집권당 및 대통령과 관계없이, 연속성이고 실효성 있는 기후변화 대응을 하기 위함이다. 법안을 자세하게 살펴보면, 미국의 탄소중립 전략과 그와 관련된 규제 그리고 인센티브 내용이 나와 있다. 반도체 분야와는 다르게, 탄소중립 분야의 경우, 미국과 중국이 협업을 반드시 할 수밖에 없고 또 그렇게 해야 한다는 공감대가 많다.

현재는 중국이 전기자동차EV, 태양전지 등과 같은 친환경 분야에서 세계적으로 앞서 나가고 있다는 것을 부인할 수 없다. EV의 경우 2023년도 4분기의 자료를 보면, 중국의 EV 회사 BYD가 테슬라를 제치고 세계에서 가장 많이 순수 EV를 판매한 제조업체로 올라섰다. BYD의 4분기 EV 판매량은 52만 6,409대로 같은 기간에 48만 4,507대를 고객에게 인도한 테슬라를 넘어섰다. 태양전지의 경우, 한국수출입은행 데이터에 따르면 중국 기업은 폴리실리콘(80%), 웨이퍼(97%), 셀(83%), 모듈(76%) 등 전 세계 태양광 발전 제품 공급의 80% 이상을 차지하고 있다. 배터리도 중국의 CATL과 BYD 등은 중국정부가 지급한 보조금을 기반으로 배터리 생산능력을 크게 늘리면서 세계 배터리 시장 점유율을 2019년 9%에서 2023년 상반기 32.9%까지 빠르게 늘리고 있다. 반면 한국 배터리 3사(LG에너지솔루션·SK온·삼성SDI)의 세계 배터리 시장 점유율은 2021년 30.4%에서 2023년 상반기에는 23.8%로 하락했다. 이와 같이 탄소중립을 달성하기 위한 핵심 산업에서 중국의 영향력은 점점 더 커지고 있다. 또 최근 리포트[66]에서 발표한 바에 따르면, 중국의 탄소중립을 위한 정책이 효과적으로 집행되고 있고 실효를 거두고 있다.

탄소중립 분야는 미·중 두 나라가 실질적인 협력을 이루어서, 무역전쟁 및 기술패권전쟁의 긴장감을 완화할 수 있는 중요한 주제가 될 수도 있다. 실제로 2023년 11월 아시아 태평양 경제협력체Asia-Pacific Economic Cooperation(APEC) 회의에서 양 정상은 기후변화 대응 분야에서 협업하는 것을 재확인했고, 이산화탄소뿐 아니라 온실가스 중의 하나인 메탄가스 배출 분야에서도 협업을 합의한 것은 중요한 성과라고 생각된다.

우리나라가 이런 흐름 속에서 중요한 역할을 할 수 있다고 생각한다. 실제로 우리나라에서 배터리 완제품을 생산할 때에도 원재료 및 부품을 중국에 많은 부분을 의존하고 있고, 테슬라의 경우도 중국 시장에 대한 의존도가 높을 뿐 아니라 다수의 부품도 중국에서 생산된다. 탄소중립 기술 분야에서는 미국과 중국의 디커플링Decoupling은 불가능해 보이고, 복잡하게 얽혀 있는 공급망 생태계에서 우리나라는 전략적으로 국익에 최대한 도움이 되는 방향을 모색해야 한다. 이 이슈는 비단 개별 국가의 경제적 이익을 위한 것만이 아니라, 인류 전체를 위한 중요한 주제인 만큼 전 세계의 여러 나라가 협업을 하는 것이 중요한데, 이때 우리나라는 핵심 기술을 기반으로 중요한 역할을 맡는 것이 중요할 것이다.

대한민국의 국제사회를 향한 제안

우리나라는 최근 들어 국제사회에 탄소중립과 관련된 적극적인 제안을 하고 있다. 예를 들어 2023년 9월 유엔총회에서 윤석열 대통령은 '무탄소 연합Carbon Free Alliance(CFA)'을 제안하였다. 무탄소 에너지는 풍력, 태양전지 등의 신재생에너지에 우리나라의 강점인 원자력 기술을 포함해서 탄소중립을 달성하기 위한 중요한 수단으로써 활용하겠다는 의지를 선포한 것이다. 원자력 발전이 인류의 탄소중립에 반드시 필요하다는 합의는 최근에 많이 이루어지고 있는 것으로 보이지만, 여전히 환경보호

단체들이 원자력 발전의 위험성 등에 대해서 우려를 표하고 있다. 우리나라는 원자력 발전소 건설 분야에서 세계 최고 수준이고, 차세대 기술인 소형모듈원전SMR의 여러 핵심 기술도 많이 가지고 있을 뿐 아니라, 세계적인 SMR 파일럿플랜트 프로젝트 등에서 중요한 역할을 하고 있다. 이런 관점에서 CFA를 우리나라가 먼저 제시한 것은 의미가 있다. 원자력 발전 없이는 탄소중립을 달성할 수 없으므로, 우리나라가 그 역할을 새롭게 정의하고 세계를 향해서 함께 하겠다는 것을 약속한 것이다.

2023년 11월 APEC 회의에서 대통령은 탄소중립을 위한 우리의 역할을 더 구체화하였다. 청정에너지의 활용도를 높이고, 친환경 이동 수단을 확대하고, 친환경 차량과 자율주행 차량을 확대해서 탄소중립 전략을 확보하겠다고 선언했다. 그리고 스마트 모빌리티 이니셔티브를 제안했다. 이산화탄소 발생에서 교통과 관련된 것이 20~30%이기 때문에, EV와 수소자동차 등의 전략에 더해 자율주행시스템을 전략으로 삼겠다는 것을 말한 것이다. 또 하나 주목해서 봐야 할 지점은 친환경 해운 솔루션을 제안했고, 녹색 항구라는 컨셉도 APEC 회의에서 대통령에 의해서 처음 제안되었다. 또한 녹색기후기금GCF에 $3억을 제공하여, 저개발국가와 개발도상국의 탄소중립 전환과 기후변화에 의한 피해를 줄이는 데 국제사회의 일원으로 적극 참여하겠다는 것도 밝혔다.

2023년 11월 8일 윤석열 대통령과 일본의 기시다 총리는 스탠퍼드 대학교에서의 한일 정상 좌담회에서 수소 분야 협력을 추진하는 것을 합의했다. 합의문 내용을 보면, 수소 분야에서 한국과 일본이 힘을 합쳐 수소의 생산과 도입 비용을 대폭 절감하는 것뿐 아니라, 청정수소 인증, 안전기준 설정 등 다자 차원의 국제규범 논의에서 양국이 주도권을 확보하는 것을 목표하고 있음을 알 수 있다. 우리나라는 수소차와 발전용 연료전지 보급 등 수소 활용 측면에서 앞서고, 일본은 수소 운송 및 원천특허 개수, 생산 등에서 앞서 있다. 또한 제조업을 기반으로 한 두 나라는 유사점이 많아 협업이 서로에게 도움이 될 수 있다. 2050년까지 연간 약 2,000만 톤의 수소를 전기생산, 자동차, 산업 전반에 사용하겠다고 계획한 것도 비슷하다. 그리고 최근의 리포트[67]에 따르면, 한국과 일본 모두 친환경 수소를 자국에서 생산하지 못하고 신재생에너지 전기생산의 비용이 낮은 나라에서 수입해야 한다고 예측된다. 이런 관점에서도 수소 생태계를 두 나라가 같이 협업한다면, 수소 생산·저장·사용 등의 새로운 산업 생태계에서 세계적으로 중요한 역할을 할 수 있을 것이다. 위의 합의를 기반으로 여러 후속 조치가 한국과 일본의 정부기관과 산업계에서 활발하게 이루어지고 있다.

탄소중립을 달성하기 위한 우리나라의 전략

이와 같은 현재 상황 속에서 필요하다고 생각하는 우리나라의 다섯 가지 전략을 논해보고자 한다.

1) 에너지 파운드리

반도체 분야에서 파운드리Foundry라는 개념은 이미 일반적이다. 반도체의 다양한 사용처에 따라 개별적인 디자인이 이루어지고 있기 때문에, 그것을 잘 만들어주는 산업이 굉장히 빠르게 성장하고 있다. 탄소중립 분야에서도 단일 해결책이 있을 수 없다. 각 섹터별로 그리고 각 기관별로 굉장히 세부적으로 다른 기술 및 시스템 등이 적용될 것이다. 개별적으로 디자인된 여러 시스템을 잘 만들어주는 파운드리가 에너지 분야에서도 중요해질 것으로 생각한다. 그런 관점에서 우리나라가 해당 생태계를 구축할 수 있다.

우리나라 이산화탄소 배출량은 전 세계 배출량의 2%도 안 되는데 놀라운 점은 전 세계가 우리의 탄소중립 전략과 기술을 주목하고 협력하려 한다는 것이다. 이는 우리나라가 제조업 비중이 높고 세계 최고 수준의 파일럿 및 양산 시스템을 갖추고 있어 신기술의 성공 여부를 빠르게 확인할 수 있기 때문이다. 대한민국은 이산화탄소 배출량은 적지만 높은 과학기술 수준, 우수한 인재와 혁신 플랫폼 때문에 세계가 주목하는 협력 파트너다.

실질적으로 앞서 소개된 SMR, 태양전지, CCUS 분야에서 여러 파일럿 프로젝트가 우리나라를 중심으로 진행되고 있고, 수소 관련 여러 파일럿 프로젝트에서도 우리의 역할이 증대되고 있다. 이런 생태계에서 우리나라가 제조업 강국의 장점을 잘 활용해야 한다.

2) 광물과 염기의 중요성

광물의 중요성은 몇 년 사이에 더욱 증대되고 있다. 배터리의 경우 광물 원재료의 가격이 거의 절반에 이를 정도로 차지하는 비중이 크다. 따라서 리튬, 코발트, 흑연, 니켈을 확보하는 것이 점점 더 중요해지고 있고, 실제로 리튬 및 코발트의 가격이 몇 년 사이에 크게 증가하였다. 테슬라의 일론 머스크도 앞으로는 광물의 시대가 될 것이라고 예견하기까지 했다. 배터리뿐 아니라, 친환경 수소 생산에서 백금 및 이리듐도 굉장히 중요하다. 일례로 2022년도 기준으로 백금의 1kg 가격은 $43,000이었고 수소 연료전지에서 중요한 촉매인 이리듐의 가격은 $22,500이었다. 이리듐의 경우 주로 남아프리카공화국에 매장되어 있는데, 지구상의 총매장량이 400톤 정도이고, 매년 7톤 정도를 사용하고 있다. 이러한 추세로는 이리듐의 가격은 계속 상승할 것으로 예측되고, 촉매를 위해서 사용하는 데는 가격 측면의 문제뿐 아니라 양 자체가 부족해서 생기는 여러 문제가 있을 것으로 생각한다. 배터리의 양극 재료의 핵심 물질인 코발트도 주로 콩고에서 생산되는데 가격이 지속해서 상승하고 있고, 이런 문제 때문에 니켈 함량이 많은 전극 또는 코발트가 없는 리튬인산철LFP 전극이 사용되기 시작했다.

광물만큼 또한 중요한 것이 염기Base라고 생각한다. 대표적인 염기는 수산화나트륨NaOH인데, 광물에서 금속을 추출하는 데 필수적이기 때문에, 배터리 생산량의 증가와 함께 수산화나트륨을 생산하기 위한 클로르알칼리 공정의 증설이 세계적으로 많이 일어나고 있다. 지금 클로르알칼리 공정으로 150TWh의 전기에너지를 사용하는데, 이는 전체 전기에너지의 10% 정도나 될 정도로 엄청난 양이다. 문제는 앞으로 신재생에너지 및 탄소중립 관련 여러 기술이 늘어남에 따라, 수산화나트륨이 더 필요할 것이고 전기에너지를 더 사용하게 될 것이다. 이산화탄소를 포집하거나 저장을 할 때에도 염기가 필요하다. 무극성인 이산화탄소를 물리적 흡착을 통해서 포집하거나 저장할 때에는 그 지속성에 한계가 있을 수밖에 없어서, 염기를 이용하여 탄산Carbonate 형태로 만드는 것이 필요하다. 이를 위해서는 수산화나트륨 등 여러 형태의 염기가 필요하다. 이처럼 이산화탄소에 관한 기술이 발전될수록 친환경적으로 염기를 안정적으로 어떻게 확보하느냐가 중요하다.

3) 이산화탄소 배출량의 정량화

우리나라는 온실가스 배출량 스코프3Scope 3에서의 이산화탄소 측정 및 공시 방법을 주도해야 한다. 지금까지는 직접 배출인 스코프1Scope 1과 간접 배출인 스코프2Scope 2를 기준으로 여러 목표치가 주어지고, 이 값을 기반으로 무역장벽 및 규제들도 만들어지고 있었다. 그런데 이제는 제품의 탄소중립 공급망 측면에서 이산화탄소의 총배출량을 보고하는 스코프3이 대두하고 있다. 스코프3에는 원자재 생산, 제조 공정, 운송 및 유통과 관련된 배출량뿐 아니라, 판매된 제품의 사용 및 폐기로 발생한 이산화탄소의 총량도 포함된다. 그렇기 때문에 여러 공급업체로부터 데이터를 수집하고 제품 수명 주기의 각 단계에 대한 정보가 포함된다. 한국 기업을 대상으로 스코프1, 2, 3에 대한 탄소 배출량 비율을 보면 스코프3이 전체 배출량의 70~80%에 달할 정도로 크다. 제조업 강국인 우리나라는 소재나 부품을 국외에 수출할 때에도 발생한 정확한 양을 측정해서 보고할 의무가 있다. 우리나라는 스마트 팩토리가 산업 전반으로 잘 구축되어 있고, 사용한 에너지뿐 아니라 원자재의 공급량을 실시간으로 정확하게 모니터링을 할 수가 있어서, 이산화탄소 발생량을 데이터화하기가 용이하다. 그런 점을 기반으로 여러 무역장벽 등이 이산화탄소를 기반으로 생기는 것에 대비해야 한다. 이산화탄소를 직접 측정하고 모니터링하는 IoT 센서들도 활용해서, 배출량을

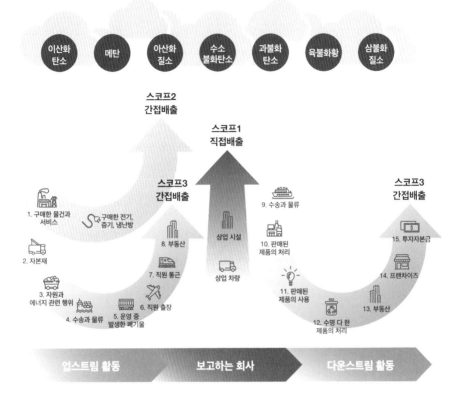

이산화탄소 | 메탄 | 아산화질소 | 수소불화탄소 | 과불화탄소 | 육불화황 | 삼불화질소

스코프2
간접배출

스코프1
직접배출

스코프3
간접배출

스코프3
간접배출

1. 구매한 물건과 서비스

구매한 전기, 증기, 냉난방

2. 자본재

3. 자원과 에너지 관련 행위

4. 수송과 물류

5. 운영 중 발생한 폐기물

6. 직원 출장

7. 직원 통근

8. 부동산

상업 시설

상업 차량

9. 수송과 물류

10. 판매된 제품의 처리

11. 판매된 제품의 사용

12. 수명 다 한 제품의 처리

13. 부동산

14. 프랜차이즈

15. 투자자본금

업스트림 활동 → 보고하는 회사 → 다운스트림 활동

그림 2. 스코프1, 2, 3 온실가스 배출(출처: GHG Protocol, "Technical Guidance for Calculating Scope 3 Emissions," page 6[68]).

모니터링하고 공정의 효율화를 통해서 배출량을 줄이는 것도 하나의 방법일 것이다.

여기에서 남아 있는 과제는 제품을 사용할 때 발생하는 이산화탄소의 양도 스코프3에 포함되는데 그 값을 어떻게 정량화하느냐이다. 예를 들어서 우리나라가 초저전력 반도체를 생산해서

한국의 탄소중립을 위한 에너지 전환과 노력

완제품의 전기 사용량을 줄이고, 이산화탄소 감축 효과를 얻을 수 있다면, 이를 어떻게 반영하고 우리나라의 감축 기여분으로 인정받을 수 있을지에 대한 고민도 필요하다. 반도체뿐 아니라 배터리의 용량을 획기적으로 올리는 기술이 우리나라에서 개발되었을 때, 또는 그것을 개발하는 과정 등에 대해서 스코프3 측면에서 어떻게 인센티브로 인정받을 수 있는지에 대해서 전략이 필요하다.

4) 국제협력을 통한 감축분 확보

우리나라는 2030년까지 약 3,300만 톤의 온실가스를 국외에서 줄이는 것을 목표로 하고 있다. 이처럼 국외감축분Internationally Transferred Mitigation Outcomes(ITMO)을 포함할 수 있게 된 것은 외교적인 성과라고 할 수 있다. ITMO는 사업 시행 이전에 반드시 해당국 정부와 이산화탄소 감축분에 관한 조건이 협의가 이뤄져야 한다. 예를 들어, 최근 몽골의 쓰레기 매립지에서 메탄가스를 포집하는 프로젝트를 진행해서 10년에 걸쳐 55만 톤의 감축분을 인정받았고, 우즈베키스탄 매립지에 발전소 건설을 통해서 11만 톤의 감축분을 인정받았다.

또한 녹색기금 등 국제사회에 제공하는 기금들과 연계해서 다양한 프로젝트를 진행하는 틀을 만들어야 하고, 공적개발원조Official Development Assistance(ODA) 등으로 지원되는 프로젝트를 통해서도 ITMO를 확보하는 전략이 필요하다.

5) 이산화탄소 순환(CCU)

우리나라, 일본, 독일 등 제조업이 발달한 나라에서는 이산화
탄소 발생을 줄이는 것만으로는 탄소중립을 달성할 수가 없다.
배출을 해야만 하는 분야가 있을 수밖에 없고, 그런 상황에서는
이산화탄소를 효과적으로 포집하고 저장하거나 활용하는 기술
이 필요하다. 그러나 저장하기 위한 저장 장소는 제한이 있기 때
문에 이산화탄소를 활용하는 기술이 앞으로 더 중요해질 수밖
에 없다. 이산화탄소를 이용해서 새로운 고분자 물질을 만든다
거나, 무기 재료에 함유시켜서 구조 재료로 사용하는 등 다양한
활용 방안 등이 시도가 되고 있다. 즉 이산화탄소의 새로운 순환
사이클을 만들어줌으로써, 이산화탄소의 활용처를 넓히고, 궁
극적으로는 공기 중으로의 배출을 줄일 수 있을 것이다. 물론 이
분야에서도 역시 경제성과 규모의 이슈가 존재한다. 이산화탄
소를 활용해서 많이 사용되는 물질을 만든다면 가격이 너무 낮
을 것이고, 반대로 가격이 높은 물질을 만든다고 한다면 이산화
탄소를 줄이는 그 규모가 너무 작다는 문제가 발생하기 때문에
규모와 경제성의 합의점이 필요하다. 그리고 적극적으로 규제
개혁 또는 인증제도를 통해서 이산화탄소 활용 물질들의 시장
수요가 늘어나게 하기 위한 노력이 필요하다. 이는 우리나라가

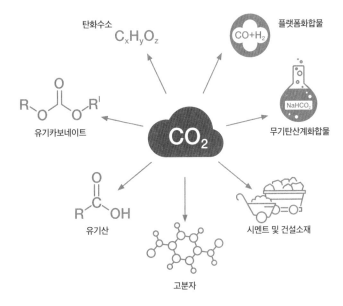

2030년 상용화제품 후보군

탄화수소
$C_xH_yO_z$

플랫폼화합물
$CO+H_2$

$NaHCO_2$
무기탄산계화합물

유기카보네이트

CO_2

유기산

고분자

시멘트 및 건설소재

그림 3. 탄소 포집 및 활용 기술(CCU).

경쟁력을 가질 수 있는 분야이고 과학기술의 여러 혁신 등이 필요하다.

탄소중립사회와 우리의 역할

저자가 속해 있는 서울대학교의 1년간 탄소 배출량은 14만 톤이다. 삼성전자가 약 2,000만 톤을 배출하고 있고, 농축산업 분야에서 약 2,000만 톤을, 시멘트 분야에서는 3,400만 톤을 배출하고 있다. 또 화학산업계는 4,600만 톤을 배출하고, 철강산업계는 1억 톤을 배출한다. 자동차는 약 1km를 운전하면 100g의 이산화탄소를 배출한다. 이처럼 탄소 배출원은 굉장히 다양하고, 우리가 생산해서 수출하는 많은 제품도 우리나라 탄소 배출량에 포함된다. 우리나라의 NDC 목표를 달성하기 위해서 단순하게 몇 가지의 기술들을 이용한 산업계나 정부의 노력만으로 해결되지는 않을 것이고 전반적인 시스템의 변화, 각 섹터별의 치열한 노력과 여러 분야의 협업, 동시에 개인의 노력이 같이 동반되어야 한다.

또한 탄소중립사회를 위해서는 새로운 혁신기술이 필요하다. 혁신기술의 개발에서는 과학기술적 지식뿐 아니라, 그 기술의 경제성이라든지, 스케일업의 가능성 그리고 공정의 수용성 등 여러 가지가 동시에 고려되어야 한다. 탄소중립은 인류를 위해서 정말 중요한 미션이고 우리나라만의 노력으로 달성될 수가 없기 때문에 모두가 함께 노력해야 한다. 이런 중요한 이슈에 대한민국이 주도적인 역할을 하면서 만든 혁신적 기술들이 전 세계에 파급효과를 미치기를 기대한다. 그런 관점에서 우리나라의 미래를 세계와 함께 그려가기를 바란다.

1부

1   IEA, *World Energy Outlook 2022*(Paris, 2022).

2   International Energy Agency, "Net Zero by 2050"(2021. 5.).

3   2050년 세계 이산화탄소 배출량이 2019년 대비 20% 줄어든 것을 상정한 것이 '뉴 모멘텀(New Momentum)' 시나리오(연두색), 75% 줄어드는 것을 상정한 것이 탄소 저감 속도의 '가속화(Accelerated)' 시나리오(주황색), 95% 감축 상황을 상정한 것이 탄소중립의 '넷제로(Net Zero)' 시나리오(파란색)이다.

4   첨단 재생에너지 산업은 배터리, 태양광 패널, 풍력 터빈 및 에너지 저장 장치를 위해 리튬, 코발트 등의 핵심 광물과 인듐, 디스프로슘, 프라세오디뮴, 네오디뮴과 같은 희토류를 필요로 한다.

5   *Financial Times*, "A new world energy order is taking shape"(2023. 1. 3.).

6   2022년 기준 러시아는 원유 생산량으로 세계 3위, 천연가스 생산량으로는 세계 2위다. 참고로 원유 생산은 미국(하루 1,777만 배럴)이 1위, 사우디아라비아(하루 1,213만 배럴)가 2위, 러시아(하루 1,120만 배럴)가 3위이며 천연가스는 1위 미국(연간 9,786억m^3), 2위 러시아(연간 6,184억m^3), 3위 이란(연간 2,594억m^3) 순이다. Energy Institute, *2023 Statistical Review of World Energy*.

7   에너지경제연구원, 《세계 에너지시장 인사이트》 제20-25호, 2020년 12월 21일, p.5.

8   Burgess Everett, "McCain: Russia is a 'gas station'," *Politico*, 2014. 3. 26.

9   YCharts, "US Retail Gas Price."

10   *Reuters*, "Biden approval polling tracker."

11   *VOA*, "브라질 대통령 '러시아산 경유 싼값 구매 거의 확실.'"

12   인남식, "UAE·사우디 이어 이스라엘, 대러 제재 불참… 우크라 사태에 요동치는 중동," 《조선일보》, 2022년 3월 21일.

13   최서윤, "인도, 우크라 전쟁 전보다 러산 원유 33배 더 샀다," 《뉴스1》, 2023년 1월 17일.

14 한국무역협회, "EU 집행위, 對러시아 '2차 제재(세컨더리 보이콧)' 내용 약화 전망."

15 한국석유공사, "2021년 원유 수입현황."

16 《뉴시스》, "휘발유값, 서울 등 3개 지역 빼고 1900원대… 하락세 지속할까," 2022년 7월 23일.

17 노요빈, "'산 넘어 산' 美 인플레 촉각… 또 연고점 위협하나,"《연합인포맥스》, 2022년 10월 11일.

18 이은택, 김형민, "푸틴이 잠근 유럽행 가스밸브에… 韓 가스요금 급등 '날벼락',"《동아일보》, 2022년 10월 28일.

19 오진송, "겨울이 온다… '목터 입고 소등하고' 유럽 각국 에너지 대책 비상,"《연합뉴스》, 2022년 10월 7일.

20 Matthias Williams and Kate Abnett, "'Feels like summer': Warm winter breaks temperature records in Europe," *Reuters*, 2023. 1. 5.

21 정의길, "유럽 '다시 석탄 발전'… 러 전쟁발 '온난화 대책' 뒷걸음질,"《한겨레》, 2022년 6월 21일.

22 한국원전수출산업협회, "독일 정부, 자국 내 원전 3기 연장 운전 결정," 2022년 10월 21일.

23 김정은, "'에너지 위기' 독일, 캐나다와 그린수소 공급 합의,"《연합뉴스》, 2022년 8월 23일.

24 Save the Children International.

25 Net Zero Tracker.

26 'Fit for 55'는 공정하고 사회적으로 공평한 전환, 제3국과의 경쟁에서 EU 산업계의 경쟁력 유지, 전 세계의 기후변화 대응 노력에서 EU의 리더십 강화 등을 목표로 하고 있다.

27 강인수, "[백상논단]소 잃고 외양간 제대로 고쳐야,"《서울경제》, 2022년 12월 12일.

28 International Carbon Action Partnership(ICAP), 2023.

29 World Bank, 2023.

30 온실가스종합정보센터, 〈2020 배출권 거래제 운영결과 보고서〉.

31 2023년 두바이에서 개최된 제28차 유엔기후변화협약 당사국총회(COP28).

32 24시간 가동했을 때 최대 설계 전력량 대비 실제 전력량.

33 EMBER, Yearly electricity data, December 2023. 한국전력통계 2023.

34 한국해양과학기술원, 〈해상풍력 기반 부유식 해양에너지 플랫폼 건설 기술 기획 보고서〉.

35 기업에서 필요한 전력량의 100%를 친환경 재생에너지원으로 사용하겠다는 캠페인.

36 천연가스를 개질하면 생산되는 수소와 이산화탄소에서 이산화탄소를 포집·저장하고 추출한 수소.

37 미생물의 유입과 산소를 차단한 발효.

38 이산화탄소 1톤당 가격.

39 Power-to-X, 전기를 기체, 액체 또는 화학 물질로 변환하는 것.

40 저장탱크, 파이프라인 등을 포함한 에너지 인프라에서 발생하는 가스 누출 또는 방출.

41 다양한 온실가스의 배출량을 등가의 이산화탄소(CO_2) 1톤 양으로 환산한 것.

42 UNEP 2023.

43 환경부, 〈제28차 유엔기후변화협약 당사국총회 폐막 공동보도자료〉(2023).

44 정태용 엮음, 《기후위기 시대, 12가지 쟁점》(2021).

45 Choice Architecture: 소비자들에 선택 사항을 제시하여 의사결정에 영향을 미치는 것.

46 $GtCO_2eq=10^9 tCO_2eq$.

2부

47 2023년 5월 기준, 세계적으로 가장 큰 원전은 프랑스의 유럽형 가압경수로(European Pressurized water Reactor: EPR)이며 용량이 1,680MWe(소내전기 제외)이다.

48 두산중공업이 전신.

49 *Z. Naturforsch, 33b*, 1443-1445(1978).

50 *Scientific Reports*, 2, 591(2012).

51 Michael L. Tushman and Philip Anderson, *Technological Discontinuities and Organizational Environments*, 1986.

52 Everett M. Rogers, *Innovation Diffusion Theory*, 1962.

53 우리나라가 2030년까지 감축하겠다고 선언한 이산화탄소 감축량은 약 2억

9,000만 톤이다.

54 서유덕, "2050 탄소중립, CO_2 포집·활용·저장으로 달성한다," 《정보통신신문》, 2022년 5월 13일.

55 Naphtha and Methanol to Olefin, 반응 온도 저감에 따른 에너지원 사용 저감.

56 Crude Oil to Chemicals, 석유 내 나프타 비율 증대를 통한 석유 사용량 감축.

57 Global Warming Potential.

58 2030년 개발 목표 기술: NMTO, COTC, 부생가스 전환, CCU(합성가스, 메탄올 등), 폐플라스틱 리파이너리 등.

59 2030년 이후 개발 목표 기술: 전기가열로, 바이오매스 전환, 부생가스 전환, CCU(합성 나프타, 올레핀 등), 청정수소 제조·활용, DX 등.

60 물질을 가열이나 냉각했을 때 상변화 없이 온도 변화에만 사용되는 열량.

61 탄소 포집 시설이 화력발전소에서 설치되는 경우, 에너지를 생산하면서 배출하는 이산화탄소를 포집하는 양의 의미로 MW를 단위로 사용한다. 0.5MW 화력발전소는 매일 10톤의 이산화탄소를 배출한다고 이해할 수 있다.

62 PU(Polyurethane), PC(Polycarbonate), EVA(Ethylene Vinyl Acetate).

63 CBAM 전면 도입 시 2030년 국내 산업계 총부담액은 약 8.2조 원으로 추산된다 (국회미래연구원 2022년 자료).

64 Carbon Dioxide Equivalent: 이산화탄소 환산량.

65 국가 온실가스 감축목표(NDC).

66 IEA, *An energy sector roadmap to carbon neutrality in China*(2021).

67 BloombergNEF, *Hydrogen Economy Outlook*(2020).

68 https://ghgprotocol.org/sites/default/files/2023-03/Scope3_Calculation_Guidance_0%5B1%5D.pdf, page 6.

대한민국 탄소중립의 현실과 미래

초판 1쇄 발행   2024년 11월 15일

지은이   이재승 남정호 김용건 김종남 정태용 임채영 박남규 이영국 남기태
기획   최종현학술원(Chey Institute for Advanced Studies)
교정·교열   최종현학술원 과학혁신2팀(이주섭 이우원 윤여정)
책임편집   이기웅
표지디자인   studio forb
본문디자인   윤철호

펴낸곳   (주)바다출판사
주소   서울 마포구 성지 1길 30 3층
전화   02-322-3885(편집), 02-322-3575(마케팅)
팩스   02-322-3858
이메일   badabooks@daum.net
홈페이지   www.badabooks.co.kr

ISBN   979-11-6689-291-2 03400